だれでもできる

不思議な 数のパズル

松本茂良 編

折原貴美子 監修

郁朋社

まえがき

　なぜパズルをしますか？　この問いに皆さんは何と答えますか。
　　①おもしろいから
　　②できた時の喜び、充実感が味わえるから
　　③家族や友達と問題について、やりとりできるから
に尽きるでしょう。
　この本は、パズルの本や数学書を参考に、数についての問題を作成・編集しました。数の世界は、奥深く、現在も数学者が熱心に研究しています。私は、小学生から高齢者まで取り組める問題を選びました。
　問題がすぐに解けなかったら、ひととき休憩しましょう。また、他の問題に取り組むのもよいでしょう。とにかく、急がず、あせらず、地道に考えてほしいものです。
①分数、魔方陣は小学生でも取り組めます。
②平方数（2乗した数）に関する問題が多いのは、私たちの住む世界が平面上の移動（近頃ではエレベーター等の三次元の移動が多くなりつつある）に基づいて、二次元の数の世界がより身近に感じられるからです。
③一次、二次の不定方程式の問題は、「整数論」からとりました。難しい理論はさておいて、試行錯誤で、当てはまる数をさがしてください。
④観覧車の問題では、和と差に直すのがポイントです。
⑤巻末の末尾が先頭にくる数の問題（位がずれる掛け算）の長い長い桁数にはびっくりさせられますが、順序だてて計算していけば必ず正解にたどりつくでしょう。

　この本の所々に、(ちょっと一息)なるコラムを設けました。
　私の気になっている数学トピックスを他の本を参考に編集しました。なお、平方表、立方表、素数表は巻末に用意しました。

　　　　　　　　　　　　　　　　　　　　　　　　2007年6月　松本 茂良

もくじ　（解答できた問題のチェックに利用してください）

まえがき ………………………………………………………………………………………	1
はじめに・はじめの5題 ………………………………………………………………	4、5
（ウォーミングアップ）足し算をしましょう ……………………………………………	6
引き算をしましょう ……………………………………………	7
掛け算をしましょう ……………………………………………	8
割り算をしましょう ……………………………………………	9
同じ個数に分けましょう ………………………………………………………………	10
掛け算をしましょう ………………………………………………………………	11、12、13
割り算をして分数を小数に直しましょう ……………………………………………	14
小数を分数に直しましょう ……………………………………………………………	15
掛け算をして等しくしましょう ………………………………………………………	16、17
2つの分母を見つけましょう …………………………………………………………	20、21
簡単な方程式を使って解きましょう …………………………………………………	22、23
魔数陣に挑戦 (1) ………………………………………………………………………	24、25
余りのある問題 …………………………………………………………………………	26、27
分子が1の分数の和で表しましょう …………………………………………………	30
分数の和と差を、同じ分母の数を使って表す ………………………………………	31
魔数陣に挑戦 (2) ………………………………………………………………………	34、35
連続数の和、積について ………………………………………………………………	36
連続数を入れましょう …………………………………………………………………	37
連続数の和を等しくしましょう ………………………………………………………	40
正方形を正方形に分割しましょう ……………………………………………………	41
平方数の和に挑戦しましょう …………………………………………………………	42、43
魔数陣に挑戦 (3) ………………………………………………………………………	44、45
自然数を平方数の和で表しましょう …………………………………………………	46〜55
平方数の和、差と三乗数の和 …………………………………………………………	58
面積を表す数＝周囲を表す数　他3題 ………………………………………………	59
魔数陣に挑戦 (4) ………………………………………………………………………	60、61
覆面算に挑戦 ……………………………………………………………………………	62、63、64
特別な数です ……………………………………………………………………………	65
二乗の和、差が共に平方数になります ………………………………………………	66
魔方陣に挑戦しましょう ………………………………………………………………	68
変形魔方陣に挑戦しましょう …………………………………………………………	69
変形魔方陣に挑戦 (2) …………………………………………………………………	72、73
足しても、掛けても同じ数になります ………………………………………………	74
2数どうしの入り組んだ関係式 ………………………………………………………	75

連続した数を入れましょう	76
累乗数を分けましょう	77
数字が逆になる掛け算	80、81
組み合わせや順列の問題です	82
一次不定方程式に挑戦しましょう	83
二次不定方程式に挑戦	84、85
三次不定方程式に挑戦	86、87
観覧車をつくりましょう	88、89
素数を書きましょう	90、91、92
円が交わってできるゾーン	93
平方数の差÷平方数で表しましょう	94、95
連続数を書きましょう	96
三数の和が平方数、立方数	97
平方数の乗る観覧車をつくりましょう	98、99
2でない素数を書きましょう	102、103
魔星陣に挑戦しましょう	104、105
菱形星陣に挑戦しましょう	106、107
正方形と三角形に並ぶ球	108
位がずれる掛け算	109、110、111、112

ちょっと一息

《左右対称の数（回文数）について》	18
《自然数列について》	28
《自己を末尾に再現する数》	32
《数列の和について》	38
《ピタゴラス数について》	56
《二乗の和、差も平方数》	67
《フィボナッチ数について》	70
《パスカルの三角形》	78
《素数について》	100
《再帰数列（漸化式）について》	113

解答	117
参考文献	124
あとがき	125

数表（n^2、n^3、素数表、1からn、n^2、n^3までの和）

はじめに

> ①記入する数は（P.14の小数、P.74の小数、分数を除いて）
> すべて、0と自然数1、2、3、4、5、……です。
> ②問題を解くときは、できるだけ筆算でやってみてください。繁雑な計算は電卓を使ってもかまいません。
> ③巻末の数表（切り離して）を使って二乗、三乗の問題、素数の和の問題、数列の和を求めるのに利用してください。

それでは、次の問題から始めましょう。　　　　　　　　　　　答. P117

①時計の文字盤に1本の線を引いて2つに分け、分けられた各部分の数の和が等しくなるようにしましょう。

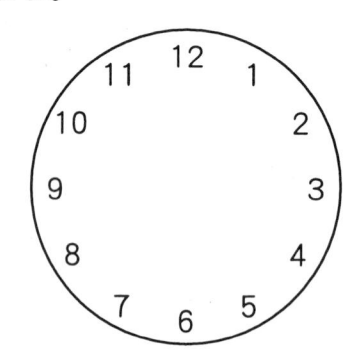

②下図で ◯ の中に1、2、3、4、5を配置して斜めの直線で結ばれた3つの数の和が2組とも同じ数になるようにしましょう。（答は3通りあります）

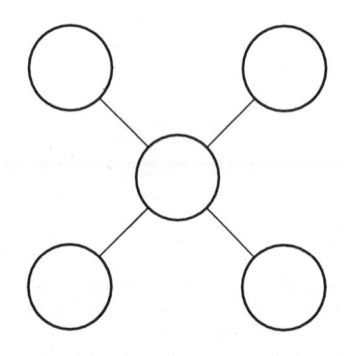

9 桝計算を完成させましょう

答. P117

①

□ + □ = □
+   +   +
□ + □ = □
=   =   =
□ + □ = □

□ に1、2、3、4、5、6、7、8、12のすべてを配置します。
（＝は「等しい」を意味します）

②

□ − □ = □
−   −   −
□ − □ = □
=   =   =
□ − □ = □

□ に1、2、3、4、5、6、8、10、13のすべてを配置します。
（−は「引く」を意味します）

③

□ ÷ □ = □
÷   ÷   ÷
□ ÷ □ = □
=   =   =
□ ÷ □ = □

□ に2、3、4、5、6、10、12、20、120のすべてを配置します。

ウォーミングアップ 足し算をしましょう　　　答. P117

① 　7
　+ 2
　───

7 + 2 = ☐

② 　5
　+ 8
　───

5 + 8 = ☐

③ 　33
　+24
　───

33 + 24 = ☐

④ 　39
　+55
　───

39 + 55 = ☐

⑤ 　87
　+36
　───

87 + 36 = ☐

⑥ 　362
　+478
　────

362 + 478 = ☐

ウォーミングアップ　引き算をしましょう　　答. P117

① 　　9
　　－4
　――――

9－4＝ ☐

② 　　15
　　－ 9
　――――

15－9＝ ☐

③ 　　78
　　－23
　――――

78－23＝ ☐

④ 　　64
　　－34
　――――

64－34＝ ☐

⑤ 　　80
　　－55
　――――

80－55＝ ☐

⑥ 　　823
　　－438
　――――

823－438＝ ☐

ウォーミングアップ 掛け算をしましょう

答. P117

①
```
    7
×   9
―――――
```
7 × 9 = ☐

②
```
   43
×   2
―――――
```
43 × 2 = ☐

③
```
   56
×   8
―――――
```
56 × 8 = ☐

④
```
   24
× 17
―――――
```
24 × 17 = ☐

⑤
```
   43
× 76
―――――
```
43 × 76 = ☐

⑥
```
  526
×  63
―――――
```
526 × 63 = ☐

ウォーミングアップ 割り算をしましょう　　　答. P117

① 3) 24

② 4) 92

24 ÷ 3 = ☐

92 ÷ 4 = ☐

③ 6) 924

④ 8) 584

924 ÷ 6 = ☐

584 ÷ 8 = ☐

⑤ 12) 72

⑥ 35) 210

72 ÷ 12 = ☐

210 ÷ 35 = ☐

同じ個数に分けましょう

答. P117

次の①〜③の場合、2人に袋ごと分け与えて、アメ玉の数を等しくするには、どう分けたらよいでしょうか。

①アメ玉が2個、4個、6個、8個入った袋が1つずつあります。

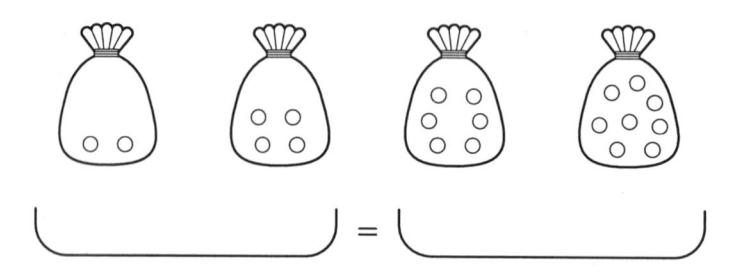

( ) = ( )

②アメ玉が 1個、3個、5個、7個、9個、11個入った袋が1つずつあります。

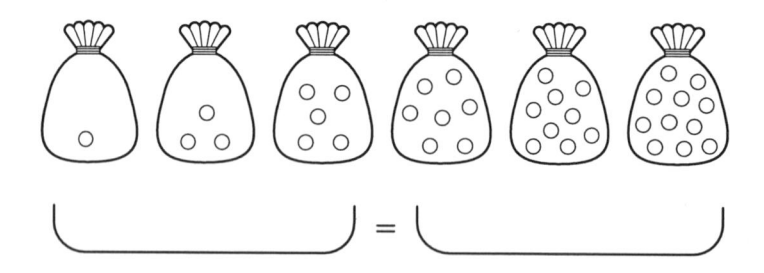

( ) = ( )

③アメ玉が2個、4個、6個、8個、10個、12個、14個入った袋が1つずつあります。(4通りの答があります)

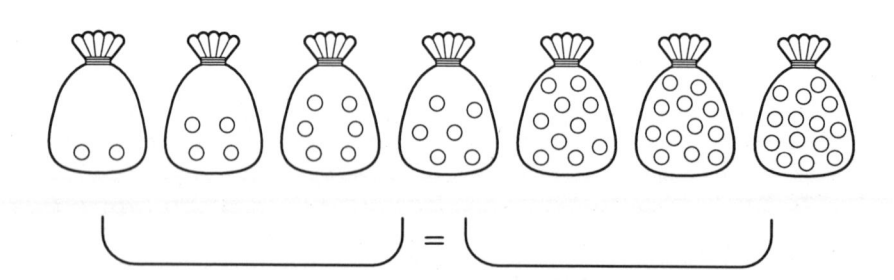

( ) = ( )

掛け算をしましょう

① 37 × 3

② 37 × 6

③ 37 × 9

④ 37 × 12

⑤ 37 × 15

⑥ 37 × 18

⑦ 37 × 21

⑧ 37 × 24

⑨ 37 × 27

⑩ 37 × 33

掛け算をしましょう（続き）

答. P117

① $9 \times 9 =$ ☐

②
```
  99
×  9
```
$\times 9 =$ ☐

③
```
  999999999
×         9
```
$\times 9 =$ ☐

④
```
  12
×  9
```
$\times 9 =$ ☐

⑤
```
  123
×   9
```
$\times 9 =$ ☐

⑥
```
  1234
×    9
```
$\times 9 =$ ☐

掛け算をしましょう（続き）

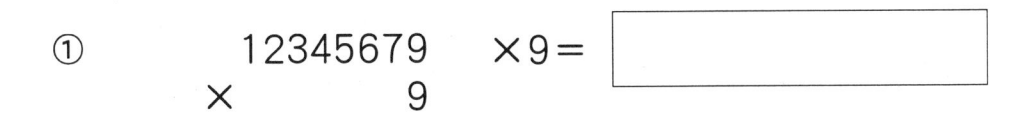

① 12345679 ×9＝ ☐
　　× 　　　9
　―――――――

② 12345679 ×8＝ ☐
　　× 　　　8
　―――――――

③ 98765432 ×8＝ ☐
　　× 　　　8
　―――――――

④ 98765432 ×9＝ ☐
　　× 　　　9
　―――――――

割り算をして分数を小数に直しましょう

答. P117

① $\dfrac{1}{2}$　2⟌1

② $\dfrac{1}{4}$　4⟌1

③ $\dfrac{1}{8}$　8⟌1

④ $\dfrac{1}{7}$　7⟌1

⑤ $\dfrac{10}{9}$　9⟌10

⑥ $\dfrac{100}{99}$　99⟌100

⑦ $\dfrac{10}{11}$　11⟌10

⑧ $\dfrac{100}{111}$　111⟌100

小数を分数に直しましょう

① $0.4 = \dfrac{\boxed{}}{10} = \dfrac{\boxed{}}{\boxed{}}$

② $0.25 = \dfrac{\boxed{}}{100} = \dfrac{\boxed{}}{\boxed{}}$

③ $0.625 = \dfrac{\boxed{}}{1000} = \dfrac{\boxed{}}{\boxed{}}$

④ $0.5555\cdots\cdots = \dfrac{\boxed{}}{9}$

⑤ $0.18181818\cdots\cdots = \dfrac{\boxed{}}{99} = \dfrac{\boxed{}}{\boxed{}}$

⑥ $0.926926926\cdots\cdots = \dfrac{\boxed{}}{999}$

注

循環小数 0.3333…… を分数に直すには

$X = 0.33333\cdots\cdots$ ①とおき

①を10倍して $10X = 3.33333\cdots\cdots$ ②

②から①を引き、 $9X = 3$

$X = \dfrac{3}{9} = \dfrac{1}{3}$ とみつけられます。

掛け算をして等しくしましょう

答. P117

例1

$$\boxed{1\,|\,2} \times \boxed{4\,|\,2}$$
$$= \boxed{2\,|\,1} \times \boxed{2\,|\,4} = 504$$

例2

$$\boxed{1\,|\,2} \times \boxed{6\,|\,3}$$
$$= \boxed{2\,|\,1} \times \boxed{3\,|\,6} = 756$$

例1、例2のように、10の位の数字と1の位の数字を入れかえた2つの数の積が等しくなっています。このような組が、全部で14組あります。次の □ にあてはまる数字を書きましょう。（例1、例2はそのうちの2組です）

① 例1、2とは別の数

　　　　　a b
　12 × □□
　　　　　b a
＝ 21 × □□

②

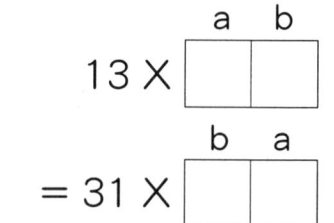

　　　　　a b
　13 × □□
　　　　　b a
＝ 31 × □□

③ ②とは別の数

　　　　　a b
　13 × □□
　　　　　b a
＝ 31 × □□

④

　　　　　a b
　14 × □□
　　　　　b a
＝ 41 × □□

掛け算をして等しくしましょう（続き）

①
$$23 \times \boxed{a\ b}$$
$$= 32 \times \boxed{b\ a}$$

② ①とは別の数
$$23 \times \boxed{a\ b}$$
$$= 32 \times \boxed{b\ a}$$

③
$$24 \times \boxed{a\ b}$$
$$= 42 \times \boxed{b\ a}$$

④ ③とは別の数
$$24 \times \boxed{a\ b}$$
$$= 42 \times \boxed{b\ a}$$

⑤
$$26 \times \boxed{a\ b}$$
$$= 62 \times \boxed{b\ a}$$

⑥
$$34 \times \boxed{a\ b}$$
$$= 43 \times \boxed{b\ a}$$

⑦
$$36 \times \boxed{a\ b}$$
$$= 63 \times \boxed{b\ a}$$

⑧
$$46 \times \boxed{a\ b}$$
$$= 64 \times \boxed{b\ a}$$

> ちょっと一息

《左右対称の数（回文数）について》

数の中には、121や2552のように左右対称のものがたくさんあります。
それらについて調べてみました。

①2桁の数
　　11、22、33、44、……99　9個あります。

②3桁の数
　　101から999まで、90個。
　　そのうち素数（1と自身以外では割り切れない数）は、101、131、151、181、191、313、353、373、383、727、757、787、797、919、929です。

③4桁の数
　　4桁の左右対称の数も同じく、90個。

④5桁の数
　　5桁の数は900個と増えます。

⑤1にまつわる数について

$$11 = 1 \times 11$$
$$111 = 3 \times 37$$
$$1{,}111 = 101 \times 11$$
$$11{,}111 = 41 \times 271$$
$$111{,}111 = \underbrace{10101}_{3 \times 7 \times 13 \times 37} \times 11$$
$$1{,}111{,}111 = 239 \times 4649$$
$$11{,}111{,}111 = \underbrace{73 \times 101 \times 137}_{1010101} \times 11$$
$$111{,}111{,}111 = 3 \times 3 \times 37 \times 333667$$
$$1{,}111{,}111{,}111 = \underbrace{41 \times 271 \times 9091}_{101010101} \times 11$$

$$101 \times 11 = 1{,}111$$
$$\underbrace{1001}_{7 \times 11 \times 13} \times 111 = 111{,}111$$
$$\underbrace{10001}_{73 \times 137} \times 1111 = 11{,}111{,}111$$
$$1000001 \times 11111 = 1{,}111{,}111{,}111$$

$$10 = 2 \times 5$$
$$110 = 2 \times 5 \times 11$$
$$1110 = 2 \times 3 \times 5 \times 37$$
$$1{,}111{,}110 = 2 \times 3 \times 5 \times 7 \times 11 \times 13 \times 37$$

（つづき）

$$11 \times 11 = 121$$
$$111 \times 11 = 1221$$
$$1111 \times 11 = 12221$$
$$............$$
$$11^2 = 121$$
$$111^2 = 12321$$
$$1111^2 = 1234321$$
$$11111^2 = 123454321$$
$$111,111,111^2 = 12,345,678,987,654,321$$

$$111 \times 111 = 12321$$
$$111 \times 121 = 13431$$
$$111 \times 131 = 14541$$
$$............$$
$$11^2 = 121$$
$$11^3 = 1331$$
$$11^4 = 14641$$

$$121 \times 11 = 1331$$
$$131 \times 11 = 1441$$
$$141 \times 11 = 1551$$
$$............$$
$$181 \times 11 = 1991$$

$$101 \times 11 = 1111$$
$$101 \times 11^2 = 12221$$
$$101 \times 11^3 = 134431$$
$$101 \times 11^4 = 1478741$$

$$1001 \times 11 = 11011$$
$$\times 11^2 = 121121$$
$$\times 11^3 = 1332331$$
$$\times 11^4 = 14655641$$

$$10001 \times 11 = 110011$$
$$\times 11^2 = 1210121$$
$$\times 11^3 = 13311331$$
$$\times 11^4 = 146424641$$

⑥小さい合成数（2、3、5の倍数は除く）

$$7 \times 23 = 161$$
$$17 \times 19 = 323$$
$$7^3 = 343$$
$$7 \times 101 = 707$$
$$11 \times 67 = 737$$
$$13 \times 59 = 767$$
$$13 \times 73 = 949$$

$$7 \times 137 = 959$$
$$11 \times 89 = 979$$
$$23 \times 43 = 989$$
$$7 \times 11 \times 13 = 1001$$
$$11 \times 101 = 1111$$
$$7 \times 11 \times 23 = 1771$$
$$11 \times 181 = 1991$$

2つの分母を見つけましょう

ただし、あてはまる異なる2数の和が最も小さいものを選びましょう。

① $\dfrac{1}{2} = \dfrac{1}{\square} + \dfrac{1}{\square}$

② $\dfrac{1}{3} = \dfrac{1}{\square} + \dfrac{1}{\square}$

③ $\dfrac{1}{4} = \dfrac{1}{\square} + \dfrac{1}{\square}$

④ $\dfrac{1}{5} = \dfrac{1}{\square} + \dfrac{1}{\square}$

⑤ $\dfrac{1}{6} = \dfrac{1}{\square} + \dfrac{1}{\square}$

⑥ $\dfrac{1}{7} = \dfrac{1}{\square} + \dfrac{1}{\square}$

⑦ $\dfrac{1}{8} = \dfrac{1}{\square} + \dfrac{1}{\square}$

⑧ $\dfrac{1}{9} = \dfrac{1}{\square} + \dfrac{1}{\square}$

⑨ $\dfrac{1}{10} = \dfrac{1}{\square} + \dfrac{1}{\square}$

答. P117

2つの分母を見つける（続き）

ただし、分母は異なる2数を書いてください。

① $\dfrac{2}{5} = \dfrac{1}{\square} + \dfrac{1}{\square}$

② $\dfrac{2}{7} = \dfrac{1}{\square} + \dfrac{1}{\square}$

③ $\dfrac{2}{9} = \dfrac{1}{\square} + \dfrac{1}{\square}$

④ $\dfrac{2}{11} = \dfrac{1}{\square} + \dfrac{1}{\square}$

⑤ $\dfrac{2}{13} = \dfrac{1}{\square} + \dfrac{1}{\square}$

⑥ $\dfrac{2}{15} = \dfrac{1}{\square} + \dfrac{1}{\square}$

⑦ $\dfrac{2}{17} = \dfrac{1}{\square} + \dfrac{1}{\square}$

答. P117

簡単な方程式を使って解きましょう

①分母から引いた数を分子に加えると、右辺となります。

$$\frac{9 + \boxed{}}{9 - \boxed{}} = 5$$

②分母、分子から同じ数を引くと、右辺となります。

$$\frac{29 - \boxed{}}{64 - \boxed{}} = \frac{2}{9}$$

③分母、分子に同じ数を足すと、右辺となります。

$$\frac{100 + \boxed{}}{500 + \boxed{}} = \frac{3}{8}$$

④分子から引いた数を分母に加えると、右辺となります。

$$\frac{21263 - \boxed{}}{70737 + \boxed{}} = \frac{13}{79}$$

簡単な方程式を使って解く（続き）

①44匹の魚が取れました。まず、主人が何匹かの分け前を取り、残りをA、B、C、Dの4人に分けました。
　そこで、わかったのですが、Aの取り分に2を足し、Bの取り分から2を引き、Cの取り分を2倍し、Dの取り分を2で割ると、主人を含め5人とも皆等しい数になりました。
　それぞれの数をみつけましょう。

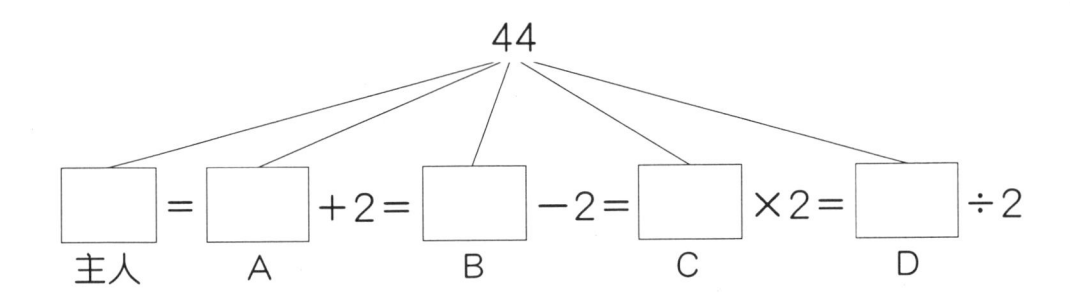

44

☐ = ☐ +2 = ☐ −2 = ☐ ×2 = ☐ ÷2
主人　　A　　　　B　　　　C　　　　D

②運動会で球入れ競争をしました。A、B、Cの篭に入った球の数を数えました。（3つの篭の球の合計数は150個とします）
　(1) 一斉に数えます（A、B、Cの篭から同じ数の球を取り出す）と、まずAの篭が空になりました。
　(2) 次にBとCから同じ数を取り出すと、Bの篭が空になりました。
　(3) Cの篭に残った球の数は10個でした。
　Aの篭に入った球数が最も多い場合、何個と考えられますか。このときB、Cの篭には何個入ったことになるでしょうか。

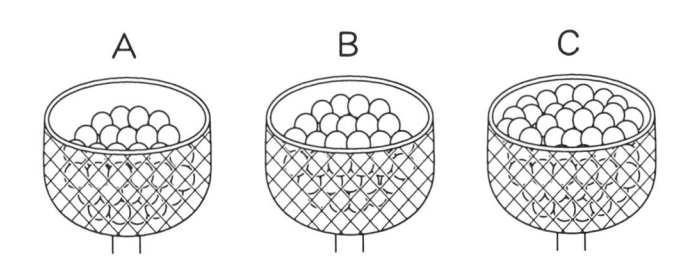

A　　　B　　　C

魔数陣—数の和が等しくなる形をこう呼びます。さあ、魔数陣に挑戦しましょう

答. P117

①下の三角形で、◯の中に1、2、3、4、5、6を配置して、各辺の数の和がすべて等しくなるようにしましょう。（答は4通りあります）

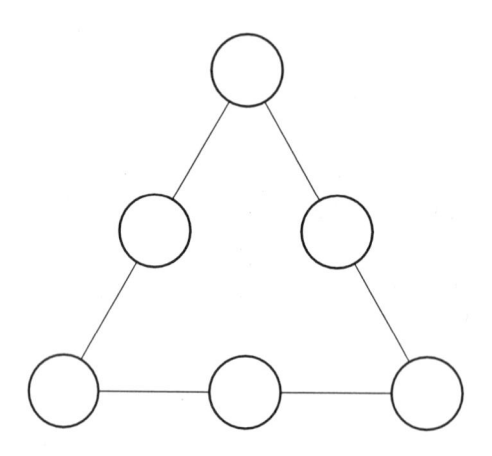

②下の正方形で、◯の中に1、2、3、4、5、6、7、8を配置して各辺の数の和が等しくなるようにしましょう。（答は6通りあります）

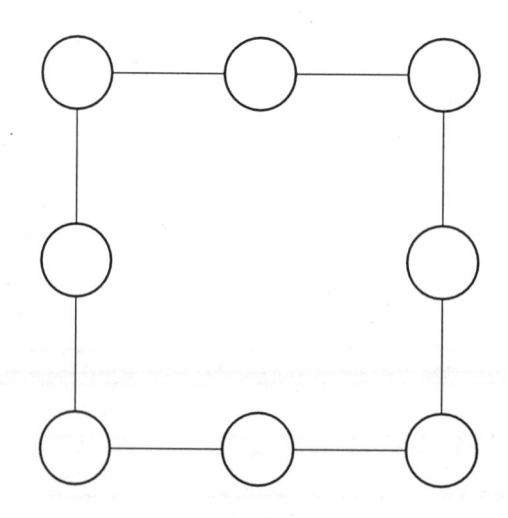

魔数陣に挑戦（続き）

①下の三角形で◯の中に1、2、3、4、5、6、7、8、9を配置して、各辺の数の和がすべて23になるようにしましょう。（答は2通りあります）

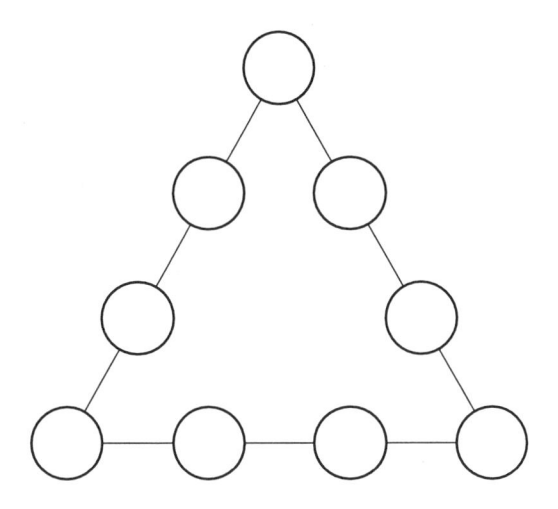

②下の正方形で◯の中に1、2、3、4、5、6、7、8、9、10、11、12を配置して、各辺の数の和が30になるようにしましょう。（基本形が3つあります）

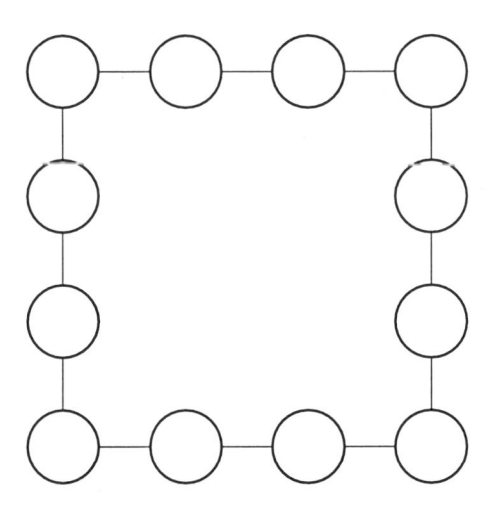

余りのある問題

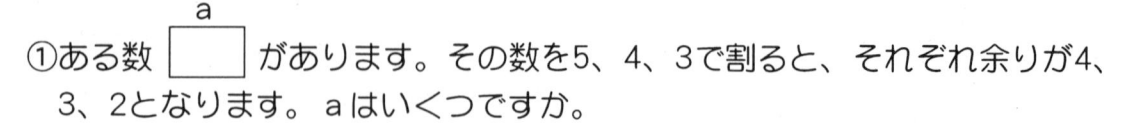

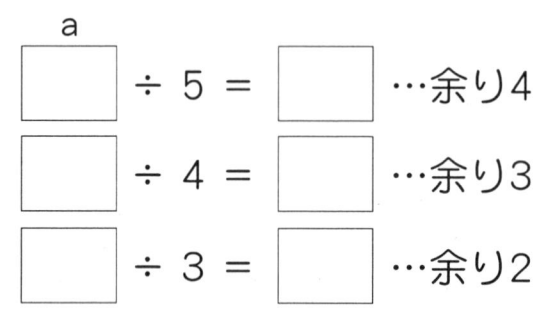

①ある数 a があります。その数を5、4、3で割ると、それぞれ余りが4、3、2となります。aはいくつですか。

　　a
□ ÷ 5 = □ …余り4

□ ÷ 4 = □ …余り3

□ ÷ 3 = □ …余り2

②10で割ると9余り、9で割ると8余り、8で割ると7余り、7で割ると6余り、6で割ると5余り、5で割ると4余り、4で割ると3余り、3で割ると2余り、2で割ると1余る。そんな数をみつけましょう。（たくさんありますが、最小数をみつけましょう）

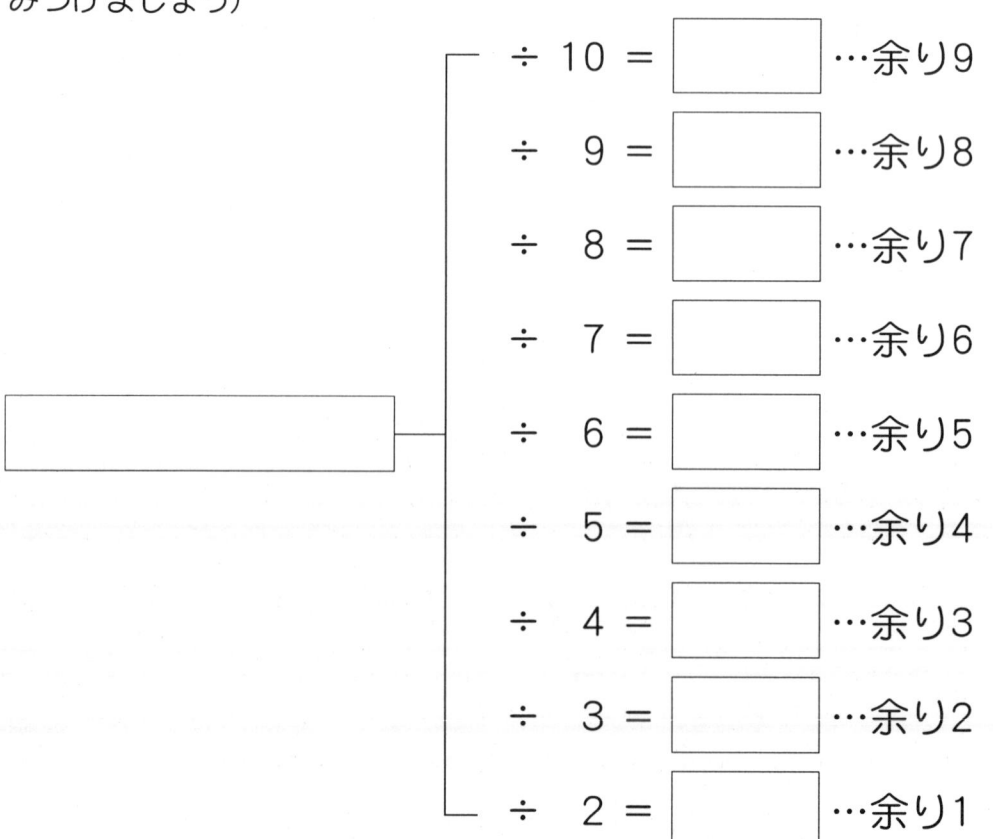

□ ÷ 10 = □ …余り9
□ ÷ 9 = □ …余り8
□ ÷ 8 = □ …余り7
□ ÷ 7 = □ …余り6
□ ÷ 6 = □ …余り5
□ ÷ 5 = □ …余り4
□ ÷ 4 = □ …余り3
□ ÷ 3 = □ …余り2
□ ÷ 2 = □ …余り1

余りのある問題（続き）

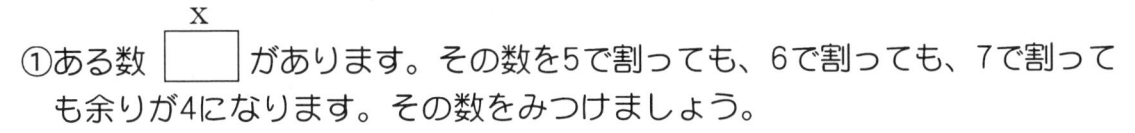

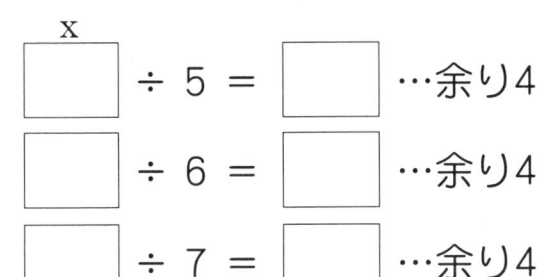

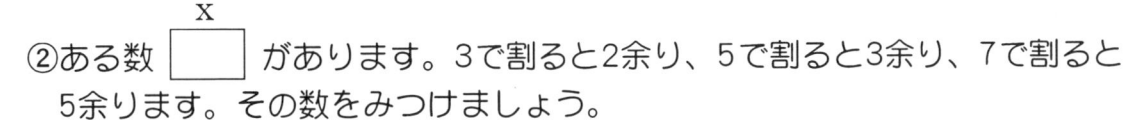

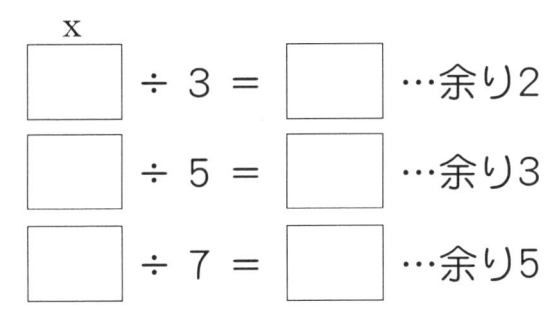

①ある数 x があります。その数を5で割っても、6で割っても、7で割っても余りが4になります。その数をみつけましょう。

$$\boxed{x} \div 5 = \boxed{} \cdots 余り4$$

$$\boxed{} \div 6 = \boxed{} \cdots 余り4$$

$$\boxed{} \div 7 = \boxed{} \cdots 余り4$$

②ある数 x があります。3で割ると2余り、5で割ると3余り、7で割ると5余ります。その数をみつけましょう。

$$\boxed{x} \div 3 = \boxed{} \cdots 余り2$$

$$\boxed{} \div 5 = \boxed{} \cdots 余り3$$

$$\boxed{} \div 7 = \boxed{} \cdots 余り5$$

③5を足すと13の倍数になり、5を引くと17の倍数になる数があります。そんな数のうち、最も小さい数をみつけましょう。

$$\boxed{x} + 5 = \boxed{} \times 13$$

$$\boxed{} - 5 = \boxed{} \times 17$$

答. P118

《自然数列について》

```
                                                    行(n)
                    1  ·································  [1]
                 2  :  3  ······························  [2]
              4     5     6  ···························  [3]
           7     8  :  9     10  ························  [4]
        11    12    13    14    15  ····················  [5]
     16    17    18    19    20    21  ·················  [6]
  22    23    24    25    26    27    28  ··············  [7]
  ·     ·     ·     ·     ·     ·     ·     ·     ·
```

上図のように三角形に1、2、3、4、……<u>自然数</u>を並べます。

① 右斜めの数列（行の一番右側の数）

　　　　1、3、6、10、15、21、28　……

これは何だか、わかりますね。

　　　　行の最後の数 ＝ 行数の和
　　　　　　　　　　　＝（書かれた）個数

　〈例〉15 ＝ [1] + [2] + [3] + [4] + [5]

　　　　　　（n行の一番右側の数 ＝ $\frac{n(n+1)}{2}$　）

② 中央の縦の列

偶数行では、中央の数はありませんが、左右の平均をとって書きますと、

　　　　1　2.5　5　8.5　13　18.5　25……

この数列は $\{(行数)^2 + 1\} \div 2$　で表せます。

　　　　　　（n行の中央の数 ＝ $\frac{n^2 + 1}{2}$　）

　〈例〉5行目　　13 ＝ $\frac{5^2 + 1}{2}$

中央の数が示されると各行の数の和が簡単に求められます。

$$各行の数の和 = \frac{(行数)^2+1}{2} \times 行数$$

$$(n 行目の数の和 = \frac{n^2+1}{2} \times n)$$

〈例〉5行目の数の和 $= \dfrac{5^2+1}{2} \times 5 = 65$

③左斜めの数列

この数列は①で求めた一番右側の数から求められます。

〈例〉5行目の右側の数　　15

5行目の左側の数　　15－4

この4は4行目の $\boxed{4}$ を使います。つまり、11です。

一番左側の数＝一番右側の数－すぐ上の行数

$$= \frac{n(n+1)}{2} - (n-1)$$

公式で示すと $\boxed{\ell = \dfrac{n(n-1)}{2} + 1}$

④奇数行の和

								奇数行だけの番号(k)
			1				………………………	$\boxed{1}$
		4	5	6			………………………	$\boxed{2}$
	11	12	13	14	15		………………………	$\boxed{3}$
22	23	24	25	26	27	28	………………………	$\boxed{4}$

奇数行の和には、素晴らしい特徴があります。

$1+(4+5+6)=16=2^4$

$1+(4+5+6)+(11+12+13+14+15)=81=3^4$

$1+(4+5+6)+\cdots\cdots\cdots+(\blacksquare+\cdot\cdot+k(2k-1))=k^4$

つまり、(奇数行の総和は (行数)^4 になります)。

分子が1の分数の和で表しましょう

答. P118

□ にあてはまる異なる数を入れましょう。（答は①を除いて複数あります）
（P.20の結果を利用しましょう）

① $0.5 = \dfrac{1}{2}$

$1 = \dfrac{1}{\Box} + \dfrac{1}{\Box} + \dfrac{1}{\Box}$

$\left(\dfrac{1}{2} + \dfrac{1}{2}\right)$

② $1.5 = \dfrac{1}{\Box} + \dfrac{1}{\Box} + \dfrac{1}{\Box} + \dfrac{1}{\Box} + \dfrac{1}{\Box} + \dfrac{1}{\Box}$

$\left(1 + \dfrac{1}{2}\right)$

③ $2 = \dfrac{1}{\Box} + \dfrac{1}{\Box} + \dfrac{1}{\Box} + \dfrac{1}{\Box} + \dfrac{1}{\Box} + \dfrac{1}{\Box}$

$\left(1.5 + \dfrac{1}{2}\right)$

$+ \dfrac{1}{\Box} + \dfrac{1}{\Box} + \dfrac{1}{\Box} + \dfrac{1}{\Box} + \dfrac{1}{\Box} + \dfrac{1}{\Box}$

（右辺に $\dfrac{1}{\Box}$ を増してもかまいません）

分数の和と差を、同じ分母の数を使って表す

a、bは1を除いた異なる数で、あてはまる最も小さい数をみつけましょう。

① $\dfrac{1}{2} - \dfrac{1}{3} = \dfrac{1}{\boxed{}_a} - \dfrac{1}{\boxed{}_b}$

② $\dfrac{1}{\boxed{}_a} - \dfrac{1}{\boxed{}_b} = \dfrac{1}{\boxed{}_a} \times \dfrac{1}{\boxed{}_b}$

③ $\dfrac{1}{\boxed{}_a} + \dfrac{1}{\boxed{}_b} = \dfrac{\boxed{}^a}{\boxed{}_b}$ （aはbより小さいです）

④ $\dfrac{1}{\boxed{}_a} - \dfrac{1}{\boxed{}_b} = \dfrac{\boxed{}^a}{\boxed{}_b}$

> ちょっと一息

《自己を末尾に再現する数》

2桁の数を何倍かして3桁の数をつくるとき、その積の下(しも)2桁が、元の2桁の数と同じになる。そんな計算の話です。

　　　式に直すと　| a | b | × x ＝ | c | a | b | ……………………………Ⓐ

つまり（10a＋b）× x ＝100c＋（10a＋b）
となるようなa、b、c、xをみつけようというものです。

①まず、2倍から始めましょう。

　　Ⓐ式から　| a | b | × 2 ＝ | c | a | b | は、

　　　　　　（10a＋b）× 2 ＝100c＋（10a＋b）

　　この式をまとめると　10a＋b＝100c ……………………………Ⓑ
　　Ⓑ式の左辺の最大の値は99で、100に達しませんので、2倍となる2桁の数はありません。

②3倍（式を見やすくするため、掛ける数を左側に書き、×記号の代りに・を使います）
　　3・50＝150

③5倍
　　5・25＝125　　5・50＝250　　5・75＝375

④6倍
　　6・20＝120　　6・40＝240　　6・60＝360　　6・80＝480

⑤9倍
　　9・25＝225　　9・50＝450　　9・75＝675

⑥11倍
　　11・10＝110　　11・20＝220…………11・90＝990　　のように11の倍数では、元の数は10、20、30、40、50、60、70、80、90となります。

それでは、これまでの計算結果をふまえて、まとめてみます。

c	左欄の数を割り切る下2桁の数 $\boxed{a\,b}$
100	10　20　25　50
200	10　20　25　40　50
300	10　12　15　20　25　30　50　60　75
400	10　16　20　25　40　50　80
500	10　20　25　50
600	10　12　15　20　24　25　30　40　50　60　75
700	10　14　20　25　28　35　50　70
800	10　16　20　25　32　40　50　80
900	10　12　15　18　20　25　30　36　45　50
	60　75　90

当然、c＋$\boxed{a\,b}$ は $\boxed{a\,b}$ で割り切れるから、その値が倍数になります。

注　$(10a+b) \times x = 100c + (10a+b)$ だから
　　$(10a+b) \times (x-1) = 100c$

よって、2桁の数（10a+b）は100、200……900を割り切る数（10以上99以下）で上記右欄になります。

注　3桁の数を何倍かして4桁の数をつくるとき、その4桁の数の下3桁が元の数と同じになる場合があります。

　つまり、

$$\boxed{a\,b\,c} \times X = \boxed{d\,a\,b\,c}$$ です。

上の注と同じように1000、2000……9000を割り切る数（3桁）でa、b、cを0を除く異なる数字とすると、4桁の数は次の数になります。
　　1125、2125、3125……9125、3375、6375、9375、5625、7875

魔数陣に挑戦（2）

①下図で ◯ の中に1、2、3、4、5、6、7を配置して、直線で結ばれた三つの数の和が、すべて（5本とも）等しくなるようにしましょう。

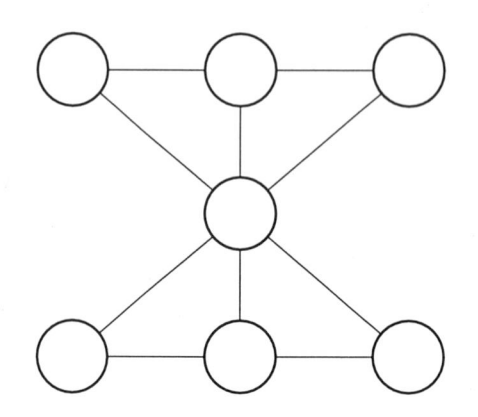

② ◯ の中に1、2、3、4、5、6、7、8、9、10、11、12、13を配置して、直線部分（扇の骨）の三つの数の和がすべて等しくします。さらに弧部分の和（2つも）等しくなるようにしましょう。（答は2通りあります）

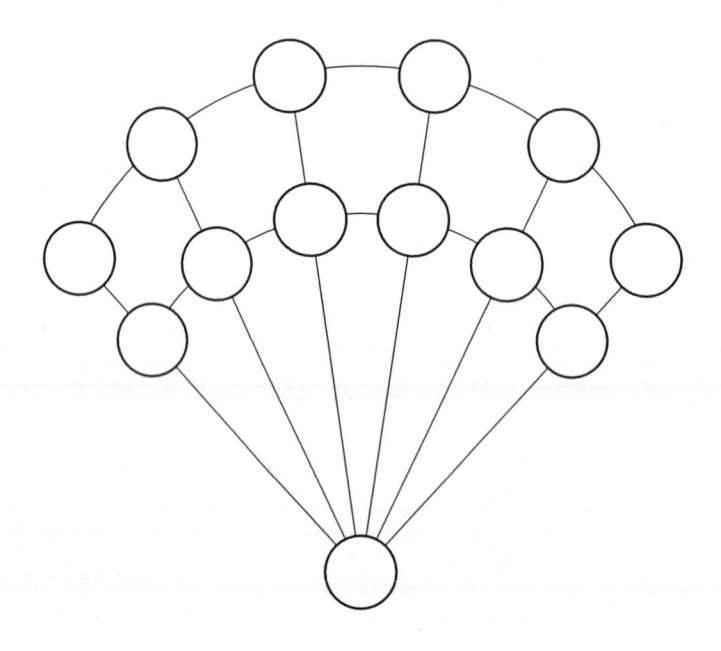

魔数陣に挑戦（2）（続き）

答. P118

① 下図で、a、b、c、d、e、f、g、h、i、jに1、2、3、4、5、6、7、8、9、10のいずれかを配置して、1つの円の中の数の和が(1)～(2)になるようにしましょう。

(1) 和が14

(2) 和が19

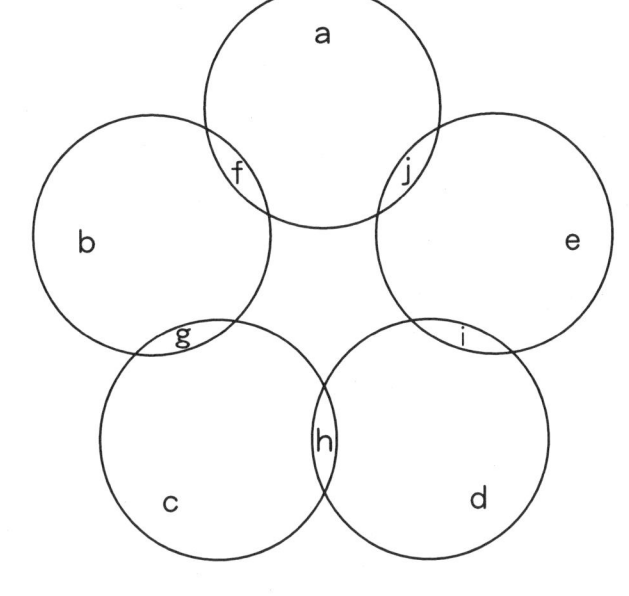

② 下図でa、b、c、d、e、f、g、h、i、j、k、lに1、2、3、4、5、6、7、8、9、10、11、12のいずれかを配置して、1つの円の中の数の和が(1)～(2)になるようにしましょう。

(1) 和が17

(2) 和が22

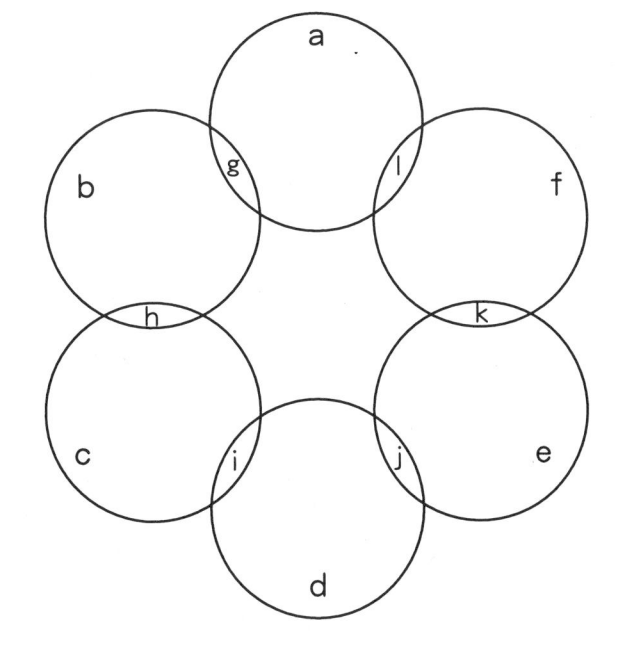

連続数の和、積について

☐ にあてはまる<u>連続した数</u>を入れましょう。

① ☐ + ☐ + ☐ = 15

② ☐ + ☐ + ☐ + ☐ = 50

③ ☐ + ☐ + ☐ + ☐ + ☐ = 150

④ ☐ + ☐ + ☐ + ☐ + ☐ + ☐ + ☐ = 350

⑤ ☐ + ☐ + ☐ + ☐ + ☐ + ☐ + ☐ + ☐ + ☐ + ☐ = 2005

⑥ $☐^2 + ☐^2 + ☐^2 + ☐^2 + ☐^2 + ☐^2 + ☐^2 + ☐^2 = 1500$

⑦ $☐^3 + ☐^3 + ☐^3 + ☐^3 = 8000$

連続数を入れましょう

① $\boxed{} \times \boxed{} = 600$

② $\boxed{} \times \boxed{} \times \boxed{} = 4080$

③ $\boxed{} \times \boxed{} \times \boxed{} \times \boxed{} = 5040$

④ $\boxed{} \times \boxed{} \times \boxed{} \times \boxed{} \times \boxed{} = 6720$

$\boxed{}$ にあてはまる数を入れましょう。

⑤ $1+2+3+4+5+6+7+8 = \boxed{}^2$

⑥ $1+2+3+4+\cdots\cdots+48+49 = \boxed{}^2$

⑦ $1^2+2^2+3^2+\cdots\cdots+23^2+24^2 = \boxed{}^2$

⑧ $1^3+2^3+3^3+4^3+\cdots\cdots+9^3+10^3 = \boxed{}^2$

ちょっと一息

《数列の和について》

①最も基本的なものは、自然数（1、2、3……）の1からの合計を求めるものです。

　　　　1＋2＋3＋…… n（最後の数を表す記号）……………………Ⓐ

　　例えば、1から10までの合計を求めてみましょう。

　　　　1＋2＋3＋4＋5＋6＋7＋8＋9＋10

　　逆に書いて

　　　　$\underline{10＋9＋8＋7＋6＋5＋4＋3＋2＋1}$　（＋

　　　　11＋11＋11＋………＋11＋11＋11　＝11×10（合計の2倍の数）

　　よって、1から10までの合計は（11×10）÷2＝55

　　この求め方をまとめますと、

　　　公式　　1からnまでの合計Ⓐ＝ $\dfrac{n \times (n+1)}{2}$

②次に、2乗の和

　　　　$1^2＋2^2＋3^2＋………＋n^2$　……………………………………Ⓑ

　　公式だけ書きますと、

　　　公式　　1^2からn^2までの合計Ⓑ＝ $\dfrac{n \times (n+1) \times (2 \times n+1)}{6}$

　　例えば、

　　　　$1^2＋2^2＋3^2＋………＋10^2 = \dfrac{10 \times (10+1) \times (2 \times 10+1)}{6} = \dfrac{10 \times 11 \times 21}{6} = 385$

③3乗の和

　　　　$1^3＋2^3＋3^3＋………＋n^3$　……………………………………Ⓒ

　　　公式　　1^3からn^3までの合計Ⓒ＝ $\left\{\dfrac{n \times (n+1)}{2}\right\}^2$

　　例えば、

　　　　$1^3＋2^3＋3^3＋………＋10^3 = \left\{\dfrac{10 \times 11}{2}\right\}^2 = 55^2 = 3025$

④倍々数（何倍かずつ増えていく数列……公比）の和

$$1+2+2^2+2^3+\cdots\cdots+2^n \quad\cdots\cdots\text{Ⓓ（公比2）}$$

公式　$\boxed{Ⓓ = \dfrac{a(r^n-1)}{r-1} \text{ または } \dfrac{a(1-r^n)}{1-r} \text{（初項a、公比 r）}}$

例えば、

$$1+2+2^2+2^3+\cdots\cdots+2^9 = \dfrac{2^{10}-1}{2-1} = 1023$$

これは、等比数列です。P.15の循環小数を分数に直す方法の式です。

例えば

$$1+\dfrac{1}{2}+\dfrac{1}{2^2}+\dfrac{1}{2^3}+\dfrac{1}{2^4}+\cdots\cdots+\dfrac{1}{2^9} \text{ は、}$$

つまり

$$1+\dfrac{1}{2}+\dfrac{1}{4}+\dfrac{1}{8}+\dfrac{1}{16}+\cdots\cdots+\dfrac{1}{512} = \dfrac{1-(\frac{1}{2})^{10}}{1-\frac{1}{2}} = \dfrac{1023\times 2}{1024} ≒ 1.998$$

⑤奇数だけの和

$$1+3+5+7+\cdots\cdots+(2n-1) \quad\cdots\cdots\text{Ⓔ}$$

公式　$\boxed{\text{1からn個の奇数の合計 Ⓔ} = n^2}$

例えば、

$$1+3+5+7+9+11+13+15+17+19 = 10^2 = 100$$

それでは問題です

答. P118

☐ にあてはまる数を書きましょう。

$$1 = 0^3 + 1^3$$
$$2+3+4 = 1^3 + \boxed{}^3$$
$$5+6+7+8+9 = \boxed{}^3 + \boxed{}^3$$
$$10+11+12+13+14+15+16 = \boxed{}^3 + \boxed{}^3$$
$$17+18+19+20+21+22+23+24+25 = \boxed{}^3 + \boxed{}^3$$

連続数の和を等しくしましょう

① (1) 1＋2＝3
　 (2) 4＋5＋6＝7＋8　です。
　　 3行目、4行目、5行目の □ にあてはまる数を入れましょう。

　 (3) □＋□＋□＋□＝□＋□＋□

　 (4) □＋□＋□＋□＋□＝□＋□＋□＋□

　 (5) □＋□＋□＋□＋□＋□＝
　　　　　　　　　　□＋□＋□＋□＋□

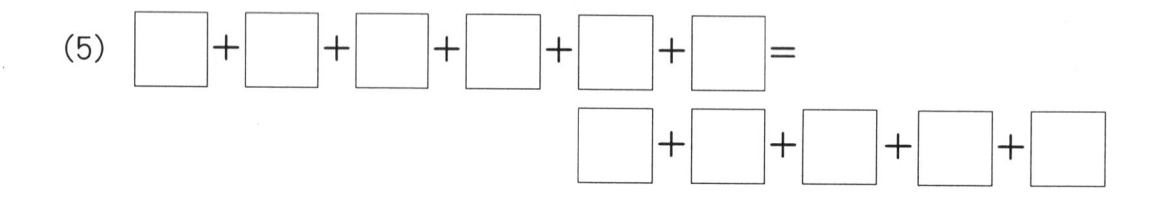

② (1) $3^2+4^2=5^2$
　 (2) $10^2+11^2+12^2=13^2+14^2$　です。
　　 3行目、4行目、5行目の □ にあてはまる数を入れましょう。

　 (3) $□^2+□^2+□^2+□^2=□^2+□^2+□^2$

　 (4) $□^2+□^2+□^2+□^2+□^2=□^2+□^2+□^2+□^2$

　 (5) $□^2+□^2+□^2+□^2+□^2+□^2=$
　　　　　　　　　　$□^2+□^2+□^2+□^2+□^2$

正方形を正方形に分割しましょう

答. P118

一つの正方形をできるだけ少ない数の正方形に分割してください。
分割した個数は何個になりますか。

例

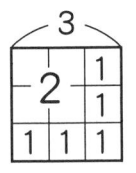

$3^2 = 2^2 \times 1 + 1^2 \times 5$　　　6個

① （5×5の正方形）

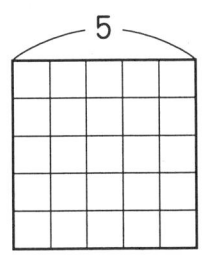

$5^2 =$ 　　　　　　　　　個

② （7×7の正方形）

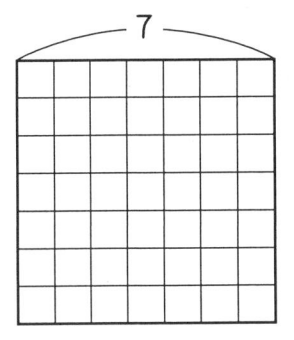

$7^2 =$ 　　　　　　　　　個

③ （11×11の正方形）

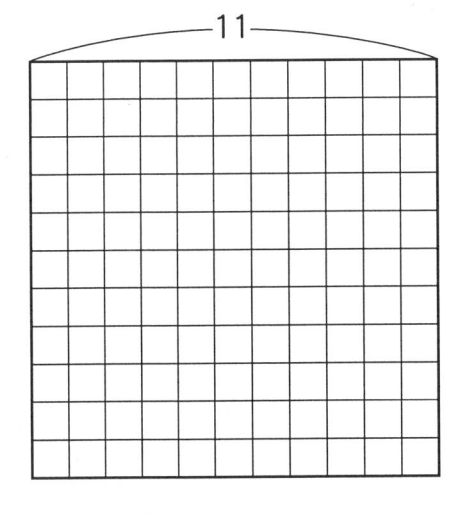

$11^2 =$ 　　　　　　　　　個

平方数の和に挑戦しましょう

□ にあてはまる数を入れましょう。(P.57参照)

① $2^2 + 19^2 = \boxed{}^2 + \boxed{}^2$

② $3^2 + 19^2 = \boxed{}^2 + \boxed{}^2$

③ $4^2 + 13^2 = \boxed{}^2 + \boxed{}^2$

④ $5^2 + 10^2 = \boxed{}^2 + \boxed{}^2$

⑤ $6^2 + 13^2 = \boxed{}^2 + \boxed{}^2$

平方数の和に挑戦（続き）

① $7^2 + 9^2 = \square^2 + \square^2$

② $8^2 + 9^2 = \square^2 + \square^2$

③ $9^2 + 13^2 = \square^2 + \square^2$

④ $10^2 + 10^2 = \square^2 + \square^2$

⑤ $11^2 + 10^2 = \square^2 + \square^2$

魔数陣に挑戦（3）

①下図で〇の中に1、2、3、4、5、6、7、8、9を配置して横線で結ばれた四つの数の和、斜線で結ばれた三つの数の和が、すべて（6つ）とも等しくなるようにしましょう。

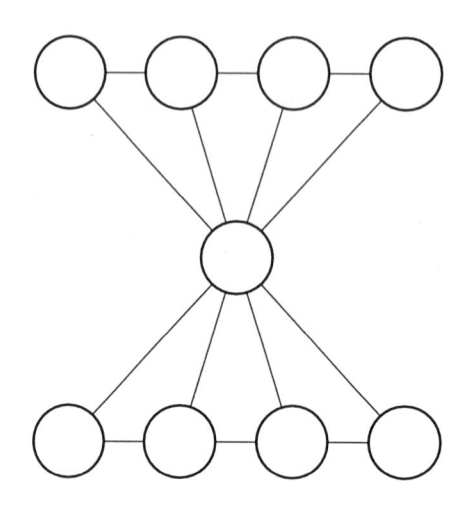

②下図の三角形で〇に1、2、3、4、5、6、7、8、9、10を配置して、斜線をつけた小さい三角形（6つあります）の3つの頂点の数の和が6つとも等しくなるようにしましょう。

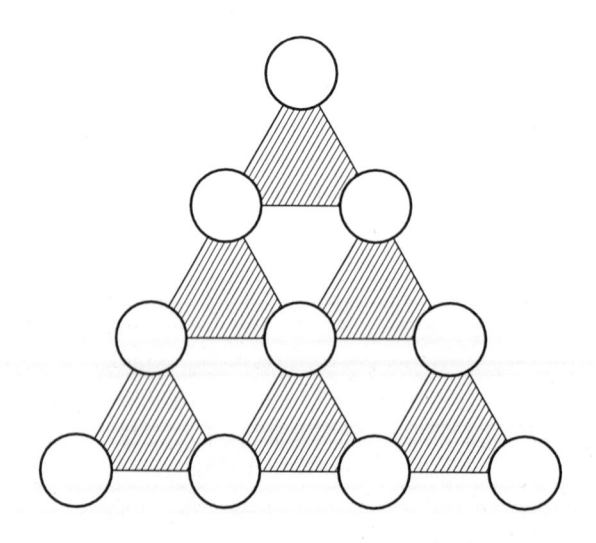

魔数陣に挑戦（3）（続き）

①下図のように┼字形の交点の◯に1、2、3、4、5、6、7、8、9を配置して、小さい正方形の頂点の数の和が（4つとも）18になるようにしましょう。
（答は3通りあります）

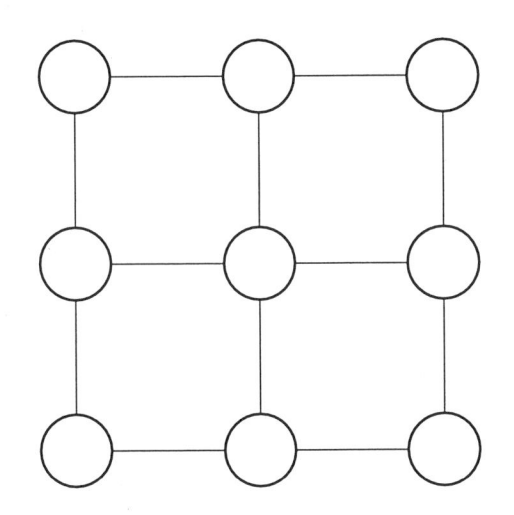

②下図で◯に1、2、3、4、5、6、7、8、9、10、11、12を配置して小さい正方形の4つの頂点の数の和が（5つとも）21になるようにしましょう。
（答は複数あります）

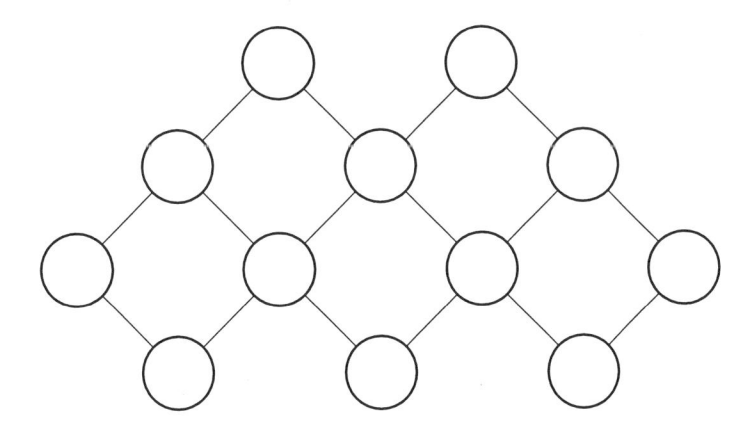

自然数を平方数の和で表しましょう

☐にあてはまる数を書きましょう。

$1 = \boxed{}^2$

$2 = \boxed{}^2 + \boxed{}^2$

$3 = \boxed{}^2 + \boxed{}^2 + \boxed{}^2$

$4 = \boxed{}^2$

$5 = \boxed{}^2 + \boxed{}^2$

$6 = \boxed{}^2 + \boxed{}^2 + \boxed{}^2$

$7 = \boxed{}^2 + \boxed{}^2 + \boxed{}^2 + \boxed{}^2$

$8 = \boxed{}^2 + \boxed{}^2$

$9 = \boxed{}^2$

$10 = \boxed{}^2 + \boxed{}^2$

注
- 1770年、ラグランジェが
  > すべての自然数は、せいぜい4個の平方数の和である

  ことを証明した。

- 1745年、オイラーが
  > $4k+1$の形の素数は、2つの平方数の和で表せる

  ことを証明した。

答. P119

自然数を平方数の和で表す（続き）

答. P119

$11 = \boxed{}^2 + \boxed{}^2 + \boxed{}^2$

$12 = \boxed{}^2 + \boxed{}^2 + \boxed{}^2$

$13 = \boxed{}^2 + \boxed{}^2$

$14 = \boxed{}^2 + \boxed{}^2 + \boxed{}^2$

$15 = \boxed{}^2 + \boxed{}^2 + \boxed{}^2 + \boxed{}^2$

$16 = \boxed{}^2$

$17 = \boxed{}^2 + \boxed{}^2$

$18 = \boxed{}^2 + \boxed{}^2$

$19 = \boxed{}^2 + \boxed{}^2 + \boxed{}^2$

$20 = \boxed{}^2 + \boxed{}^2$

自然数を平方数の和で表す（続き）

$21 = \square^2 + \square^2 + \square^2$

$22 = \square^2 + \square^2 + \square^2$

$23 = \square^2 + \square^2 + \square^2 + \square^2$

$24 = \square^2 + \square^2 + \square^2$

$25 = \square^2$

$26 = \square^2 + \square^2$

$27 = \square^2 + \square^2 + \square^2$

$28 = \square^2 + \square^2 + \square^2 + \square^2$

$29 = \square^2 + \square^2$

$30 = \square^2 + \square^2 + \square^2$

自然数を平方数の和で表す（続き）

31 = ☐² + ☐² + ☐² + ☐²

32 = ☐² + ☐²

33 = ☐² + ☐² + ☐²

34 = ☐² + ☐²

35 = ☐² + ☐² + ☐²

36 = ☐²

37 = ☐² + ☐²

38 = ☐² + ☐² + ☐²

39 = ☐² + ☐² + ☐² + ☐²

40 = ☐² + ☐²

自然数を平方数の和で表す（続き）

41 = □² + □²

42 = □² + □² + □²

43 = □² + □² + □²

44 = □² + □² + □²

45 = □² + □²

46 = □² + □² + □²

47 = □² + □² + □² + □²

48 = □² + □² + □²

49 = □²

50 = □² + □²

自然数を平方数の和で表す（続き）

51 = 1² + 1² + 7²

52 = 4² + 6²

53 = 2² + 7²

54 = 1² + 2² + 7²

55 = 1² + 2² + 5² + 5²

56 = 2² + 4² + 6²

57 = 2² + 2² + 7²

58 = 3² + 7²

59 = 1² + 3² + 7²

60 = 1² + 3² + 5² + 5²

自然数を平方数の和で表す（続き）

$61 = \boxed{}^2 + \boxed{}^2$

$62 = \boxed{}^2 + \boxed{}^2 + \boxed{}^2$

$63 = \boxed{}^2 + \boxed{}^2 + \boxed{}^2 + \boxed{}^2$

$64 = \boxed{}^2$

$65 = \boxed{}^2 + \boxed{}^2$

$66 = \boxed{}^2 + \boxed{}^2 + \boxed{}^2$

$67 = \boxed{}^2 + \boxed{}^2 + \boxed{}^2$

$68 = \boxed{}^2 + \boxed{}^2$

$69 = \boxed{}^2 + \boxed{}^2 + \boxed{}^2$

$70 = \boxed{}^2 + \boxed{}^2 + \boxed{}^2$

答. P119

答. P119

自然数を平方数の和で表す（続き）

$71 = \square^2 + \square^2 + \square^2 + \square^2$

$72 = \square^2 + \square^2$

$73 = \square^2 + \square^2$

$74 = \square^2 + \square^2$

$75 = \square^2 + \square^2 + \square^2$

$76 = \square^2 + \square^2 + \square^2$

$77 = \square^2 + \square^2 + \square^2$

$78 = \square^2 + \square^2 + \square^2$

$79 = \square^2 + \square^2 + \square^2 + \square^2$

$80 = \square^2 + \square^2$

自然数を平方数の和で表す（続き）

$81 = \boxed{}^2$

$82 = \boxed{}^2 + \boxed{}^2$

$83 = \boxed{}^2 + \boxed{}^2 + \boxed{}^2$

$84 = \boxed{}^2 + \boxed{}^2 + \boxed{}^2$

$85 = \boxed{}^2 + \boxed{}^2$

$86 = \boxed{}^2 + \boxed{}^2 + \boxed{}^2$

$87 = \boxed{}^2 + \boxed{}^2 + \boxed{}^2 + \boxed{}^2$

$88 = \boxed{}^2 + \boxed{}^2 + \boxed{}^2$

$89 = \boxed{}^2 + \boxed{}^2$

$90 = \boxed{}^2 + \boxed{}^2$

自然数を平方数の和で表す（続き）

答. P119

$91 = \boxed{}^2 + \boxed{}^2 + \boxed{}^2$

$92 = \boxed{}^2 + \boxed{}^2 + \boxed{}^2 + \boxed{}^2$

$93 = \boxed{}^2 + \boxed{}^2 + \boxed{}^2$

$94 = \boxed{}^2 + \boxed{}^2 + \boxed{}^2$

$95 = \boxed{}^2 + \boxed{}^2 + \boxed{}^2 + \boxed{}^2$

$96 = \boxed{}^2 + \boxed{}^2 + \boxed{}^2$

$97 = \boxed{}^2 + \boxed{}^2$

$98 = \boxed{}^2 + \boxed{}^2$

$99 = \boxed{}^2 + \boxed{}^2 + \boxed{}^2$

$100 = \boxed{}^2$

※興味のある方は100以上の数についても試してみましょう。

ちょっと一息

《ピタゴラス数について》

① $\boxed{3^2+4^2=5^2}$

上のように2つの平方数の和が、やはり平方数となるとき三つの数をピタゴラス数と呼びます。

このような三つの数を見つける方法は古くから知られています。

$$\boxed{a=(m^2+n^2),\ b=2mn,\ c=(m^2+n^2)}$$

の式で求められます。

例　$m=3$　$n=2$　としますと、
　　$a=3^2-2^2=\underline{5}$　　$b=2\times 3\times 2=\underline{12}$　　$c=3^2+2^2=\underline{13}$　　です。

m，nに、自然数をあてはめれば、ピタゴラス数はいくらでもつくれます。

②また、すべての既約ピタゴラス数（a，b，c）は、次の式で求められます。

$$\boxed{a=st,\ b=\frac{s^2-t^2}{2},\ c=\frac{s^2+t^2}{2}\ \ (s,t は奇数で、互いに素)}$$

例　$S=3,\ t=1$
　　　$a=3\times 1=\underline{3}$　　$b=\dfrac{3^2-1^2}{2}=\underline{4}$　　$c=\dfrac{3^2+1^2}{2}=\underline{5}$
　　$S=7,\ t=1$
　　　$a=7\times 1=\underline{7}$　　$b=\dfrac{7^2-1^2}{2}=\underline{24}$　　$c=\dfrac{7^2+1^2}{2}=\underline{25}$

③次に複素数（a＋bi）を使ったピタゴラス数のつくり方を紹介します。
　　$a^2+b^2=c^2$　となるとします。
　　$i^2=-1$（iは2乗すると－1になる数のことです）

例　$(3+2i)^2=9+12i-4=\underline{5}+\underline{12}i$
　　$a^2+b^2=3^2+2^2=\underline{13}$　だから、
　　よって　$\underline{5}^2+\underline{12}^2=\underline{13}^2$

⑤ついでに、$a^2+b^2=c^3$のつくり方も紹介します。

$(a+bi)=(2+1i)$とします。

$(2+1i)^3 = 8+12i+6i^2+i^3$
$= 8+12i-6-i = \underline{2}+\underline{11}i$

$a^2+b^2=2^2+1^2=\underline{5}$ だから

よって $\underline{2}^2+\underline{11}^2=\underline{5}^3$

⑤ $\boxed{a^2+b^2=c^2+d^2}$ のつくり方について

はじめに、公式を使った方法を紹介します。

$(a^2+b^2)\times(x^2+y^2) = (ax+by)^2+(bx-ay)^2$ ……… Ⓐ
$ = (ax-by)^2+(bx+ay)^2$ ……… Ⓑ

二乗の和がⒶとⒷ、2通りに表せますね。

例　$(1^2+2^2)\times(3^2+2^2) = (3+4)^2+(6-2)^2=\underline{7^2+4^2}$
$ = (3-4)^2+(6+2)^2=\underline{1^2+8^2}$

⑥ $a^2-c^2=d^2-b^2$ を使って

ある数xを2通りの積（ともに偶数）で表します。

$x=(a+c)\times(a-c)=(d+b)\times(d-b)$

$a^2-c^2=d^2-b^2 \Rightarrow a^2+b^2=c^2+d^2$

$24 = 12\times 2 = (7+5)\times(7-5)$
$ = 6\times 4 = (5+1)\times(5-1)$

$7^2-5^2=5^2-1^2 \Rightarrow \underline{7^2+1^2=5^2+5^2}$

⑦ $\boxed{a^2+b^2+c^2=d^2}$ にあてはまる自然数をみつけましょう。

まず、$1^2+2^2+c^2=d^2 \Rightarrow 1^2+2^2=d^2-c^2=5$

$d^2=9$、$c^2=4$とすると、$1^2+2^2+2^2=3^2$となります。

a、b、cを小さい数からみつけていくと、

$1^2+4^2+8^2=9^2$　　$1^2+6^2+18^2=19^2$
$2^2+3^2+6^2=7^2$　　$2^2+6^2+9^2=11^2$
$3^2+4^2+12^2=13^2$　　$3^2+6^2+22^2=23^2$
$4^2+4^2+7^2=9^2$　　$4^2+5^2+20^2=21^2$

等です。

平方数の和、差と三乗数の和

答. P119

① $3^2+4^2=5^2$ のように、左辺の2つの数が連続したピタゴラス数をみつけてください。

$$3^2+4^2=5^2$$

(1) $\boxed{}^2 + \boxed{}^2 = 29^2$

(2) $\boxed{}^2 + \boxed{}^2 = 169^2$

(3) $\boxed{}^2 + \boxed{}^2 = 985^2$

② $\boxed{}$ にあてはまる連続数を入れましょう。

(1) $\boxed{}^2 - \boxed{}^2 = 9^2$

(2) $\boxed{}^2 - \boxed{}^2 = 11^2$

(3) $\boxed{}^2 - \boxed{}^2 = 13^2$

(4) $\boxed{}^3 + \boxed{}^3 + \boxed{}^3 = 6^3$

(5) $\boxed{}^3 + \boxed{}^3 + \boxed{}^3 + \boxed{}^3 = 20^3$

面積を表す数＝周囲を表す数

①長方形（正方形を含む）があります。その面積と周囲を表す数が等しいといいます。たて、よこを表す数をみつけましょう。
（2通りの答があります）

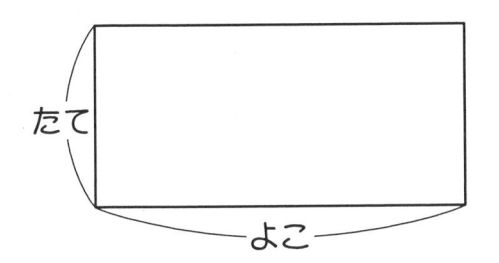

たて＝ ☐

よこ＝ ☐

②直角三角形があります。3辺の長さはすべて自然数です。その面積を表す数が、周囲を表す数に等しいといいます。3辺の数をみつけましょう。
（2通りの答があります）

a＝ ☐

b＝ ☐

c＝ ☐

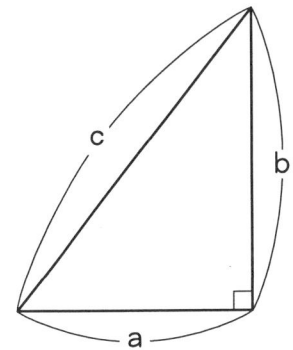

③直方体があります。各辺の長さはすべて自然数です。その体積と各辺（たて4辺、よこ4辺、高さ4辺）の和を表す数が等しい、といいます。たて、よこ、高さを表す数をみつけましょう。
（答はたくさんありますが、最も小さい数を書いてください）

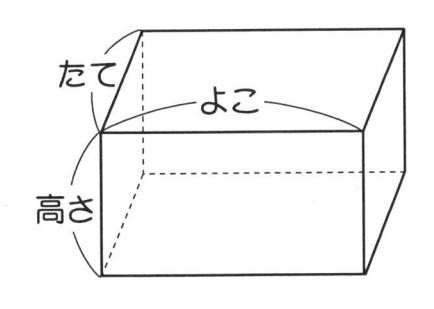

たて＝ ☐

よこ＝ ☐

高さ＝ ☐

魔数陣に挑戦（4）

①2乗の数の魔法陣に挑戦しましょう

○の中に1^2、2^2、3^2、4^2、5^2、6^2、7^2、8^2、9^2を配置して各辺の数の和が等しくなるようにしましょう。

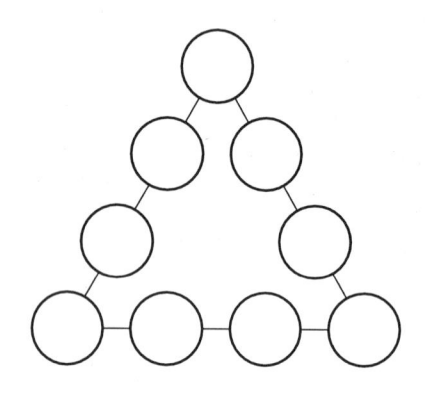

②円形魔数陣に挑戦しましょう(1)

下図で□に1、2、3、4、5、6、7を配置して、1つの円の中の数の和が(1)～(2)になるようにしましょう。

(1) 和が13　　(2) 和が19

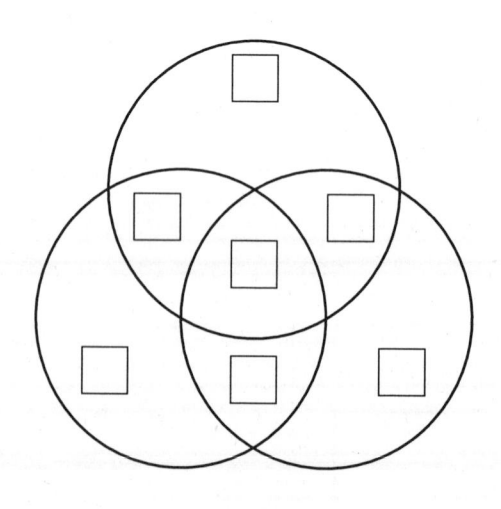

魔数陣に挑戦（4）（続き）

①円形魔法陣に挑戦しましょう(2)

下図で □ に0、1、2、3、4、5、6、7、8、9、10、11、12を配置して（0からはじまります）1つの円の中の数の和が(1)～(3)になるようにしましょう。

(1) 和が31　　(2) 和が41　　(3) 和が49

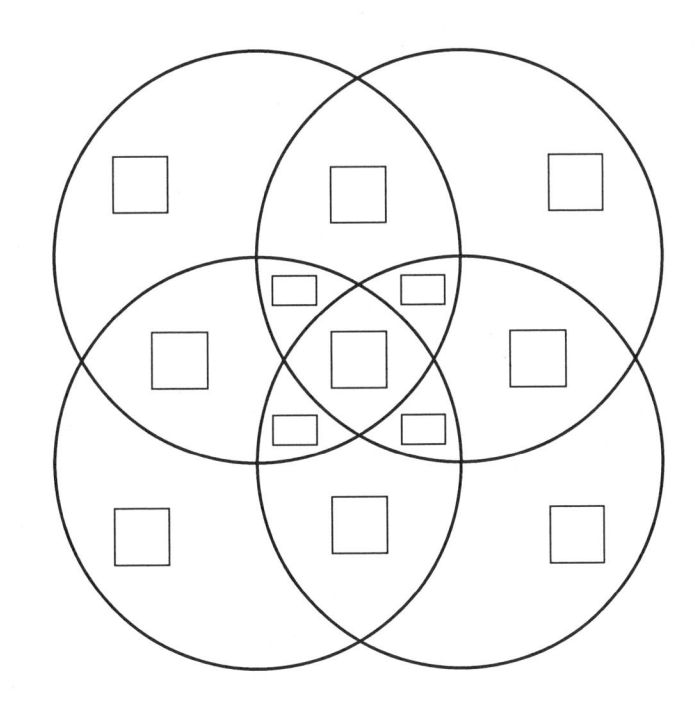

覆面算に挑戦

☐ にあてはまる数を入れましょう。

> 注
> 1つの ☐ には1つの数字（0から9まで）が入ります。
> ☐☐ は2桁の数、つまり10×a+bを表し、☐☐☐ は3桁の数、つまり100a+10b+cを表します。4桁、5桁の数も同じように表すことにします。ただし、先頭の ☐ には0は入れないこととします。同じアルファベットの文字は同じ数を表します。

① $\overline{ab} \times \overline{ba} = 1300$

② $\overline{ab} - \overline{ba} = \left(\boxed{a} + \boxed{b}\right)^2$

③ $\overline{ab} = \left(\boxed{a} + \boxed{b}\right)^2$

④ $\overline{cab} = \left(\boxed{a} + \boxed{b}\right)^2$

覆面算（続き）

①4桁の平方数があって、図のように2桁ずつの数に分けます。分けられた2桁の数は、ともに平方数になります。

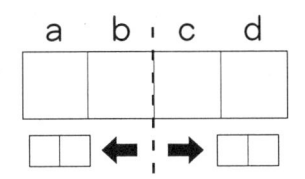

$$\overline{ab} = e^2 \qquad \overline{cd} = f^2$$

② $\overline{abc} = c^4$

③ $\dfrac{a^3 + b^3}{10} = \overline{ab}$

④ $a^2 + b^2 + c^2 = d^2 + e^2 + f^2$

（答は3通りあります）

覆面算（続き）

① $\overline{abc} = (a + b + c)^3$

② $\overline{abcd} = (a + b + c + d)^3$

③ $a^2 - b^2 = b^3$

（あてはまる最小の組を選びましょう）

④ $\overline{9ab9} \div \overline{ab} = \overline{cde}$

（答は11、77、99を除いて、3通りあります）

特別な数です

☐ にあてはまる数を入れましょう。

① $\dfrac{1^2+2^2+3^2+6^2+3^2+4^2+5^2}{10^2} = \boxed{}$

② $\dfrac{10^2+11^2+12^2+13^2+14^2}{365} = \boxed{}$

③ $\dfrac{1^2+2^2+8^2+10^2+3^2+4^2+12^2}{13^2} = \boxed{}$

④ $\dfrac{2^2+4^2+6^2+7^2+8^2+5^2+12^2}{13^2} = \boxed{}$

二数の和、差が共に平方数になります

☐ にあてはまる x、a、b の数を入れましょう。

① $x + 10 = a^2$

$x - 10 = b^2$

② $x^2 + 120 = a^2$

$x^2 - 120 = b^2$

③ $x^2 + 600 = a^2$

$x^2 - 600 = b^2$

（次のページを参照）

ちょっと一息

《二数の和、差も平方数》

（Ⅰ） $\begin{cases} x + r = a^2 \cdots\cdots ① \\ x - r = b^2 \cdots\cdots ② \end{cases}$

①＋②　$2x = a^2 + b^2 \cdots\cdots ③$、①－②　$2r = a^2 - b^2 \cdots\cdots ④$

a、bにあてはまる数を④よりみつけます。

 (a、b)　　　　　　　　　→　$(x + r = a^2、x - r = b^2)$

 (3、1)　$9 - 1 = 8$　$r = 4$　→　$(5 + 4 = 3^2、5 - 4 = 1^2)$

 (5、1)　$25 - 1 = 24$　$r = 12$　→　$(13 + 12 = 5^2、13 - 12 = 1^2)$

＊(7、1)　$49 - 1 = 48$　$r = 24$　→　$(25 + 24 = 7^2、25 - 24 = 1^2)$

 (4、2)　$16 - 4 = 12$　$r = 6$　→　$(10 + 6 = 4^2、10 - 6 = 2^2)$

 (5、3)　$25 - 9 = 16$　$r = 8$　→　$(17 + 8 = 5^2、17 - 8 = 3^2)$

 ……　　　……　　　……　　　　……　　　　……

（Ⅱ） $\begin{cases} x^2 + r = a^2 \cdots\cdots ⑤ \\ x^2 - r = b^2 \cdots\cdots ⑥ \end{cases}$

⑤＋⑥　$2x^2 = a^2 + b^2 \cdots\cdots ⑦$、⑤－⑥　$2r = a^2 - b^2 \cdots\cdots ⑧$

⑦⑧の式からa、b、r、xを求めたいのですが、これは容易ではありません。

いま　$r = 24$ としてみます。

（Ⅰ）の＊印の式に注目しましょう。xが25ですね。（Ⅱ）の式ではx^2にあたります。

$x^2 = 25$ だから

$\begin{cases} 5^2 + 24 = 7^2 \\ 5^2 - 24 = 1^2 \end{cases}$　と書けます。

なお、この式の両辺を4で割ると

$\begin{cases} \left(\dfrac{5}{2}\right)^2 + 6 = \left(\dfrac{7}{2}\right)^2 \\ \left(\dfrac{5}{2}\right)^2 - 6 = \left(\dfrac{1}{2}\right)^2 \end{cases}$

となり、

「ある平方数に6を加えても、6を引いても平方数となる。そのある平方数とは$\dfrac{5}{2}$という分数になります」（正しくは$\dfrac{5n}{2n}$）

魔方陣に挑戦しましょう

①下図の升目に1、2、3、4、5、6、7、8、9を配置して、たて、よこ、斜めの各行、各列の、3つの数の和が、すべて等しくなるようにしましょう。

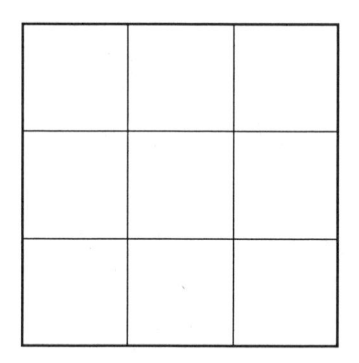

②下図の升目に2、3、4、6、9、12、16、24、32を配置して、たて、よこの各行、各列の、3つの数の積（掛け算）が、すべて等しくなるようにしましょう。（斜めの積どうしは別の数で等しくなります）

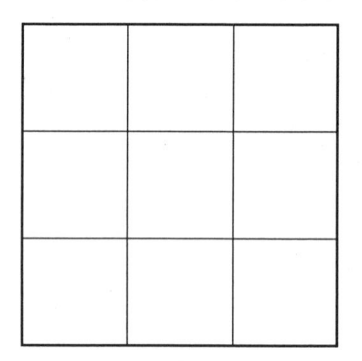

③下図の升目に1、2、3、4、5、6、7、8、9、10、11、12、13、14、15、16を配置して、たて、よこ、斜めの各行、各列の、4つの数の和が、すべて等しくなるようにしましょう。（答はたくさんあります）

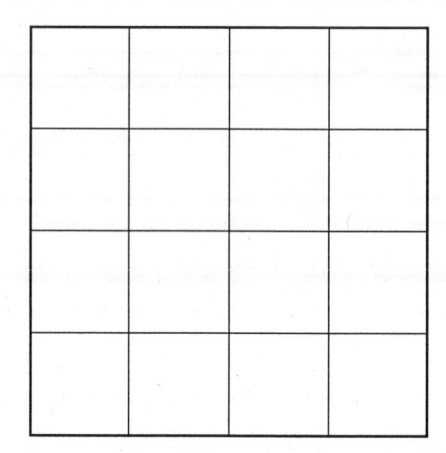

変形魔方陣に挑戦しましょう

①下図の升目に1、2、3、4、5、6、7、8を配置して⊞の字形の升目の和が3つとも等しく、また、よこにならんだ4つの数の和も2行とも等しくなるようにしましょう。（答は複数あります）

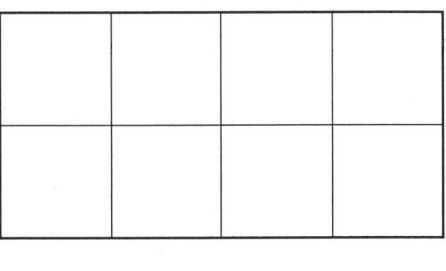

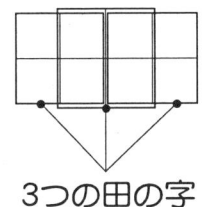

3つの田の字

②下図の升目に1、2、3、4、5、6、7、8、9、10、11、12を配置して、⊞の字形の4つの数の和がすべて（5つとも）等しく、たて、よこのそれぞれが、4つの数の和も（⊞の字の数の和とも）等しくなるようにしましょう。（答は複数あります）

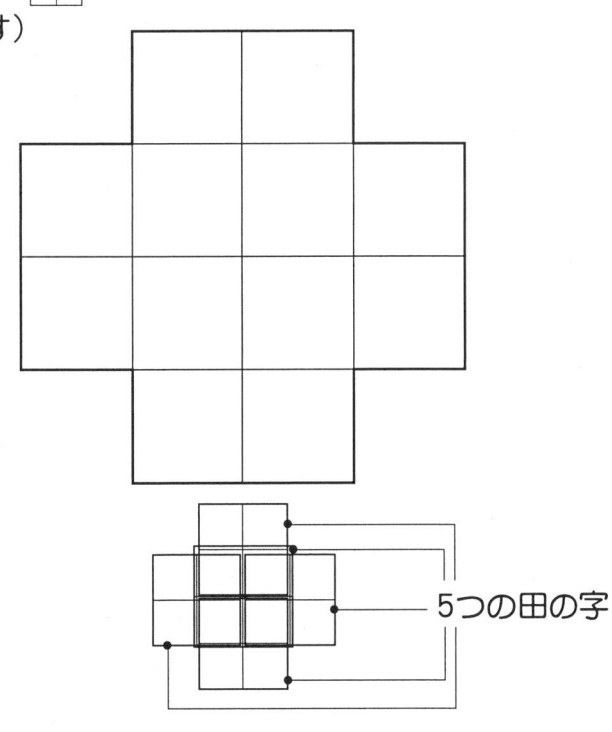

5つの田の字

ちょっと一息

《フィボナッチ数について》

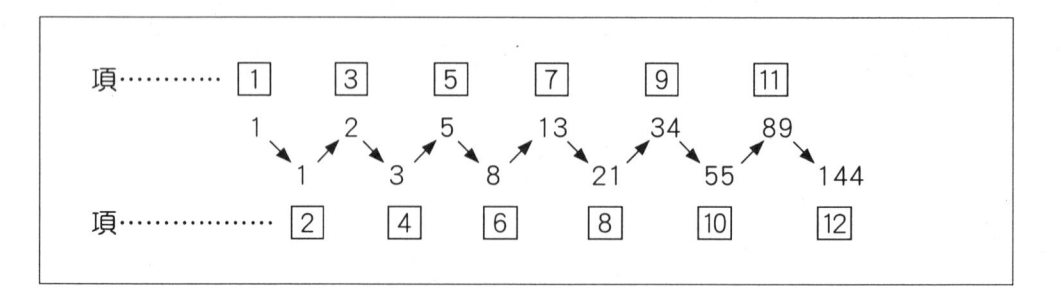

```
項………… [1]   [3]   [5]   [7]   [9]   [11]
          1 ↘ 2 ↗ 5 ↘ 13 ↗ 34 ↘ 89 ↗
           ↘ ↗   ↘ ↗   ↘ ↗   ↘ ↗   ↘ ↗
            1     3     8     21    55    144
項………… [2]   [4]   [6]   [8]   [10]  [12]
```

はじめに2数を書きます。　1と1です。
　　　　　　　　　　　　次に1と1を足して2
　　　　　　　　　　　　次は、この2とすぐ前の数1を足して3、
　　　　　　　　　　　　以下、3＋2＝5　5＋3＝8　8＋5＝13　13＋8＝21……
以下、前の数を足して、新しい数を書き足していきます。この数列をフィボナッチ数列と呼んでいます。

①はじめからの数列の和
　　1＋1＋2＋3＋5＝<u>12</u>
　　　　[5]項までの和は12ですね。
　　　　　　上の表では5のすぐ右側の[7]項、13が目に入りますね。そう、
　　1＋1＋2＋3＋5＝<u>13－1</u>

　　例　[5]項までの和＝(5＋2)項－1です。
　　　　[10]項までの和＝(10＋2)項－1＝144－1＝143

　　　　　┌─────────────────────┐
　　　　　│　n項までの和＝(n＋2)項－1　│
　　　　　└─────────────────────┘

②奇数項だけの和
　　[1]項＋[3]項＋[5]項＋[7]項＝[8]項＝21

③偶数項だけの和
　　[2]項＋[4]項＋[6]項＋[8]項＝[9]項－1＝34－1＝33

④はじめの数の2乗からその数からの2乗までの和

> はじめの項の2乗から、その項の2乗までの累計＝その項×次項

1項から6項まで、各項の2乗の和＝6項×7項
$1^2 + 1^2 + 2^2 + 3^2 + 5^2 + 8^2 = 104 = 8 \times 13$

⑤となりあう数の2乗の和

> $(その項)^2 + (次項)^2 = (その項＋次)項$

$5^2 + 8^2 = (5＋6)項 = 11項 = 89$

⑥となりあう2乗の差

> $(その項)^2 － (前項)^2 = 次項 \times 前前項$

$8^2 － 5^2 = 13 \times 3 = 39$

⑦2乗の差

> $(その項)^2 － (前前項)^2 = 項数の和の項$

$(7項)^2 － (5項)^2 = (7＋5)項 = 12項$
$13^2 － 5^2 = 144$

⑧項の2乗

> $(その項)^2 = 前項 \times 後項 － (-1)^{項数}$

$8^2 = 5 \times 13 － (-1)^6 = 64$

⑨連続する3項の、各数の3乗の和

> $(その項)^3 + (前項)^3 + (前前項)^3 = 2 \times (その項)^3 － 3 \times (その項 \times 前項 \times 前前項)$

$8^3 + 5^3 + 3^3 = 2 \times 8^3 － 3 \times (8 \times 5 \times 3)$

変形魔方陣に挑戦（2）

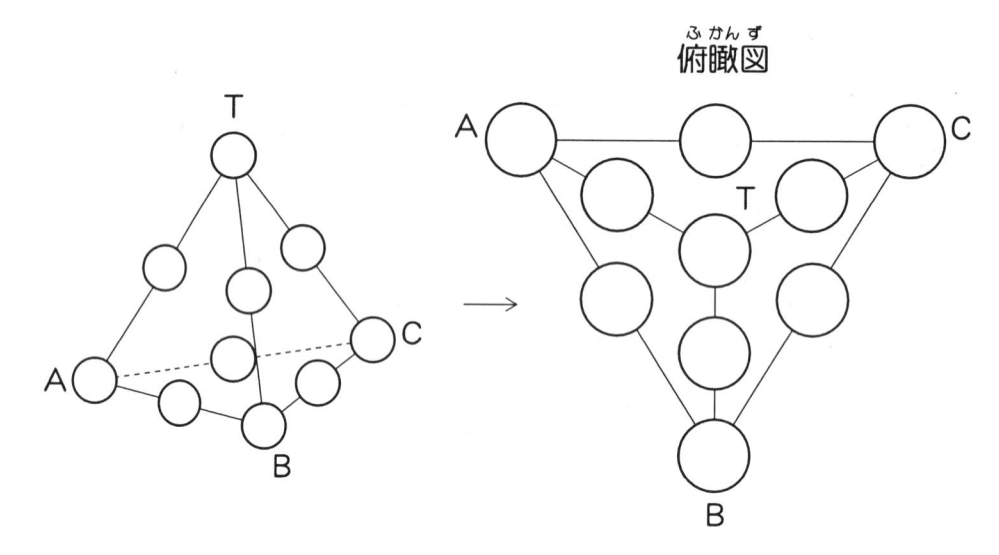

①三角錐の各頂点と辺の中点の◯に0、2、3、4、5、6、7、8、9、10（1がぬけています）を配置して、辺の数の和が（6つとも）12になるようにしましょう。

②四角錐の各頂点と辺の中点の◯に1、2、3、4、5、6、7、8、9、10、11、12、13を配置して各辺の数の和が（8つとも）16になるようにしましょう。（答は3通りあります）

変形魔方陣に挑戦（2）（続き）

①立方体の各頂点に、1、2、3、4、5、6、7、8を配置して1つの面を囲む4つの数の和が（6つとも）等しくなるようにしましょう。なお、斜めの面の四角形の頂点の和も同じ数になります。（答は複数あります）

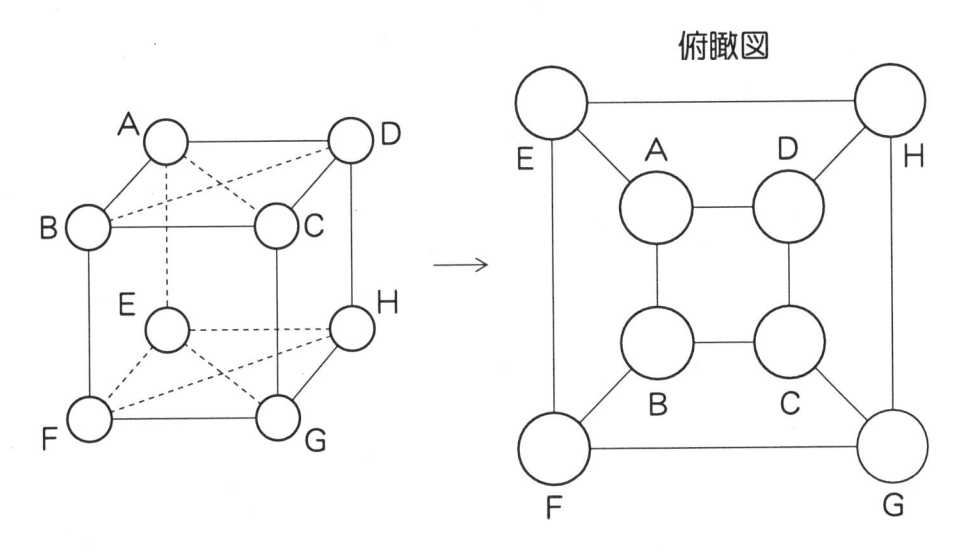

俯瞰図

②下図の◯に1、2、3、4、5、6、7、8、9、10、11、12、13を配置して、大きい円の6つの数の和、小さい円の6つの数の和も、直線に並んだ5つの数の和（3組）もすべて等しいようにしましょう。（答は複数あります）

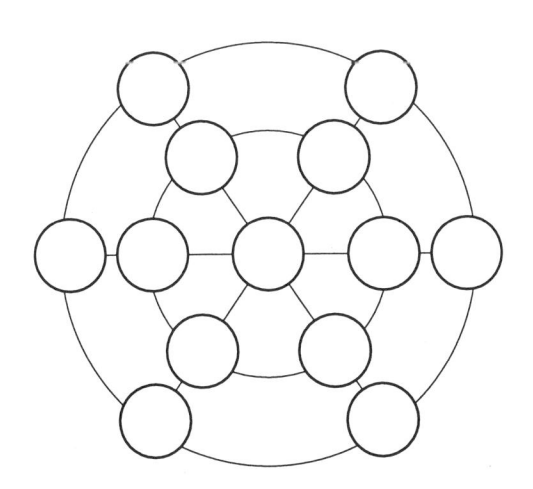

足しても、掛けても同じ数になります

①次の □ にあてはまる自然数、小数、分数を書きましょう。
　（答はたくさんあります）　　　　　　　（xとyが同じでもかまいません）

$$\boxed{}^x + \boxed{}^y = \boxed{}^x \times \boxed{}^y$$

②足しても、割っても同じ数になります。
　次の □ にあてはまる小数、分数を書きましょう。
　（答はたくさんあります）　　　　　　　（xとyが同じでもかまいません）

$$\boxed{}^x + \boxed{}^y = \boxed{}^x \div \boxed{}^y$$

2数どうしの入り組んだ関係式

① $\left(\boxed{}^x + \boxed{}^y\right) \times \left(\boxed{}^x - \boxed{}^y\right) = 600$

（答は複数ありますが、最小の組を選びましょう）

② $\left(\boxed{}^x + \boxed{}^y\right) \div \left(\boxed{}^x - \boxed{}^y\right) = 600$

（答はたくさんありますが、最小の組を選びましょう）

③ $\left(\boxed{}^x \times \boxed{}^y\right) + \left(\boxed{}^x \div \boxed{}^y\right) = 60$

（答は3通りあります）

④ $\left(\boxed{}^x \times \boxed{}^y\right) - \left(\boxed{}^x \div \boxed{}^y\right) = 60$

（答は2通りあります）

連続した数を入れましょう

答. P120

①
$\square \times \square \times \square \times \square + 1 = 5^2$

$\square \times \square \times \square \times \square + 1 = 11^2$

$\square \times \square \times \square \times \square + 1 = 19^2$

$\square \times \square \times \square \times \square + 1 = 29^2$

$\square \times \square \times \square \times \square + 1 = 41^2$

$\square \times \square \times \square \times \square + 1 = 55^2$

$\square \times \square \times \square \times \square + 1 = 71^2$

② 連続した奇数を入れましょう。

$1^3 = 1$

$2^3 = 3 + 5$

$3^3 = \square + \square + \square$

$4^3 = \square + \square + \square + \square$

$5^3 = \square + \square + \square + \square + \square$

累乗数を分けましょう

① 1^2、2^2、3^2、4^2、5^2、6^2、7^2、8^2、9^2、10^2、11^2、12^2、13^2の13個をA、B、Cの3つのかごに配分して、その和が3つとも等しくなるようにしましょう。（個数はまちまちです）

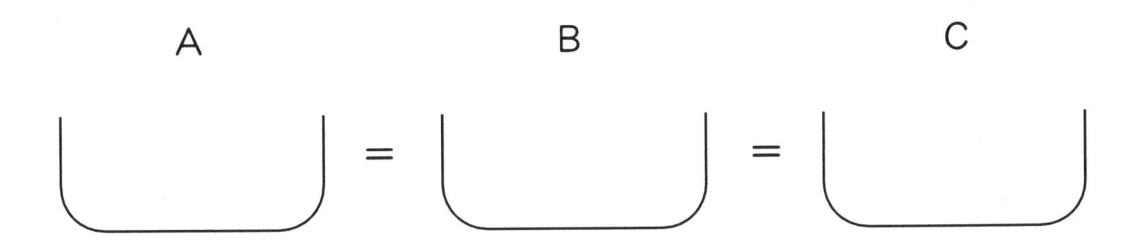

A = B = C

② 1^3、2^3、3^3、4^3、5^3、6^3、7^3、8^3、9^3、10^3、11^3、12^3の12個を左右に配分して、その和が等しくなるようにしましょう。

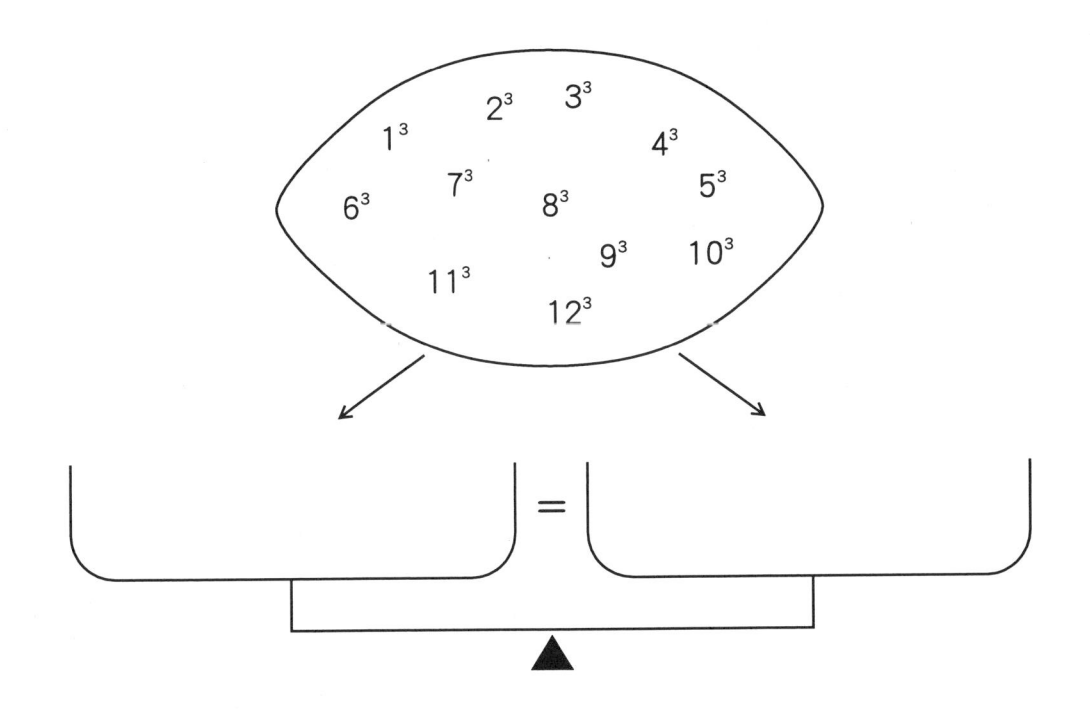

ちょっと一息

《パスカルの三角形》

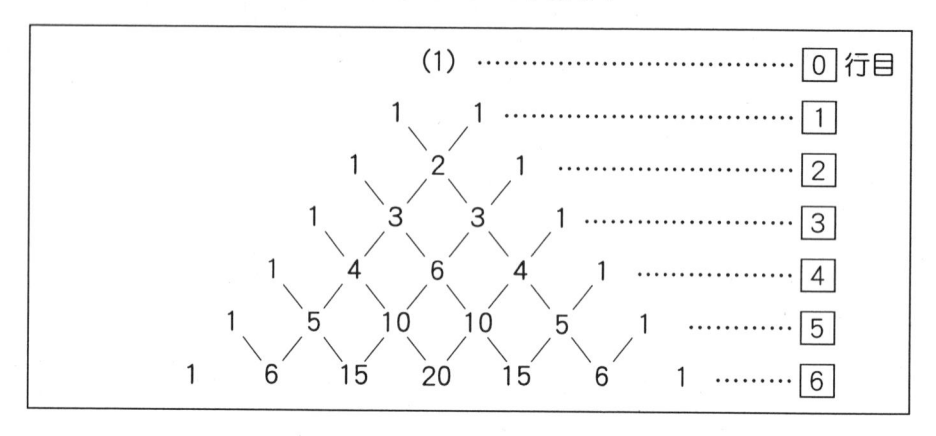

```
              (1) ……………………… 0 行目
             1   1  ………………………  1
           1   2   1  …………………… 2
         1   3   3   1  ………………… 3
       1   4   6   4   1  ……………… 4
     1   5  10  10   5   1  …………… 5
   1   6  15  20  15   6   1  ……… 6
```

上の表は、パスカルの三角形と呼ばれています。
頂点に1を置き、その2倍の数を、二つに分けて下の行に1、1と書きます。
次に、1＋1＝2　その両脇に1、1を書き、1＋2＝3、2＋1＝3、両脇に1、1を書きます。
以下、上の二数を足した数を下の行に書きます。
パスカルの三角形で示される数の形には、多くの数学意義があります。

①各行の和（二項係数とその和）

$$1 = 2^0$$

1 行目の和　　$1+1 = 2 = 2^1$

2 行目の和　　$1+2+1 = 4 = 2^2$

3 行目の和　　$1+3+3+1 = 8 = 2^3$

4 行目の和　　$1+4+6+4+1 = 16 = 2^4$

　　⋮　　　　　　⋮

n 行目の和　　$1 + \cdots\cdots\cdots + 1 = 2^n$

②パスカルの三角形の数とフィボナッチ数との関係
（P.70参照）

右図のように、右斜めの列の数の和が
フィボナッチ数列になります。

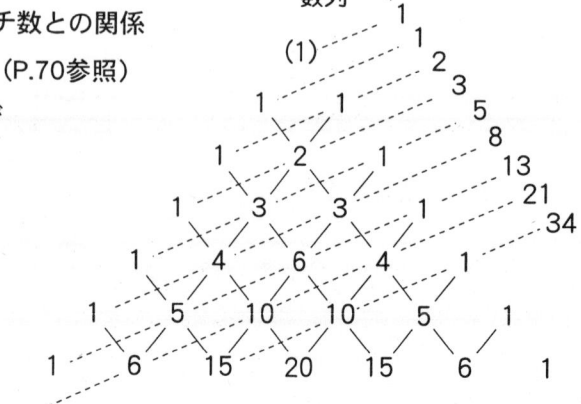

フィボナッチ数列 → 1, 1, 2, 3, 5, 8, 13, 21, 34

③斜め左の2列目を見てください。

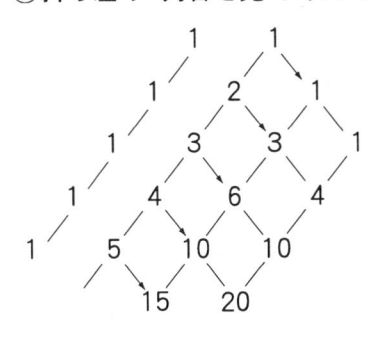

```
          1   1
         / \ / \
        1   2   1
       / \ / \ / \
      1   3   3   1
     / \ / \ / \ / \
    1   4   6   4   1
       /   /   \   \
      5   10   10   5
         \   /
         15   20
```

1、2、3、4、5……と並んでいます。

次に斜め左の3列目を見てください。

1、3、6、10……です。

この2列の間の関係は何でしょうか。

そうです。1＋2＋3＋4＋……の和が3列目の右下の数になっていることです。

どの列も、上からの総和が、次の列の右下の数になっています。

④道すじ

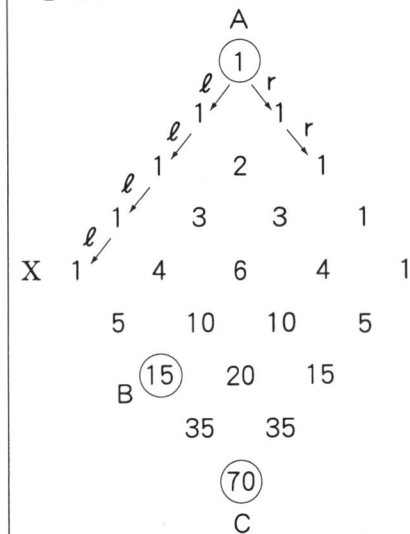

```
            A
           ⓵
          ℓ  r
         1    1
        ℓ  r    r
       1    2    1
      ℓ
     1    3    3    1
    ℓ
X  1    4    6    4    1
      5   10   10    5
     B⑮   20   15
         35   35
          ㊆⓾
           C
```

AからBまで数をたどって遠回りしないで異なる行き方は何通りありますか

Aを出発して左下向きを ℓ、右下向きを r で表すと ℓ が4つ、r が2つ計6区間通過します。ℓℓℓℓrr も ℓrrℓℓℓ もよいわけです。□□□□□□の中の□に r 2個を入れる仕方は何通りあるのかという問題です。

これは組み合わせの式 C（6、2）＝15、c（ℓ＋r、r）となり、パスカルの三角形の数と一致します。

⑤AからCへの道すじ

こんな考え方もできます。AとCが対称に分ける水平線X上の各地点までのAとCからの道すじは共に1、4、6、4、1通りあります。したがって、AからCまでの道すじは

$1^2＋4^2＋6^2＋4^2＋1^2＝70$（通り）

と計算されます。

これは、

パスカルの三角形の第 n 行にある数の平方の和は第 2 n 行の中央の数に等しい

ということを示しています。

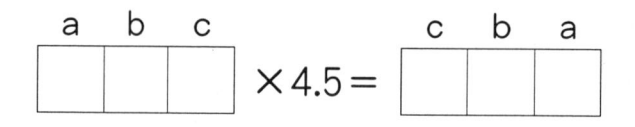

数字が逆になる掛け算

①3桁の数があります。この数を1.2倍すると、百位の数字と一位の数字が入れ替わり、十位の数字はそのままで、数字の並び方が逆になります。3桁の数をみつけましょう。

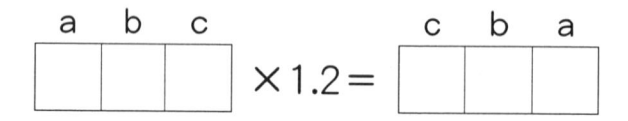

$$\boxed{\begin{array}{ccc} a & b & c \\ & & \end{array}} \times 1.2 = \boxed{\begin{array}{ccc} c & b & a \\ & & \end{array}}$$

②3桁の数があります。この数を4.5倍すると、百位の数字と一位の数字が入れ替わり、十位の数字はそのままで、数字の並び方が逆になります。3桁の数をみつけましょう。

$$\boxed{\begin{array}{ccc} a & b & c \\ & & \end{array}} \times 4.5 = \boxed{\begin{array}{ccc} c & b & a \\ & & \end{array}}$$

答. P120

数字が逆になる掛け算（続き）

①4桁の数があります。この数を4倍すると、数字の並び方を逆にした4桁の数になります。元の4桁の数をみつけましょう。

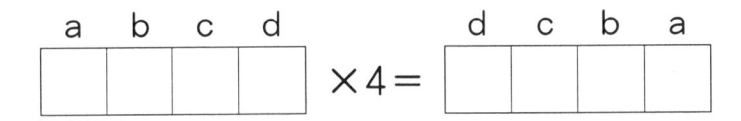

	a	b	c	d				d	c	b	a
					×4=						

②4桁の数があります。この数を9倍すると、数字の並び方を逆にした4桁の数になります。元の4桁の数をみつけましょう。

	a	b	c	d				d	c	b	a
					×9=						

組み合わせや順列の問題です

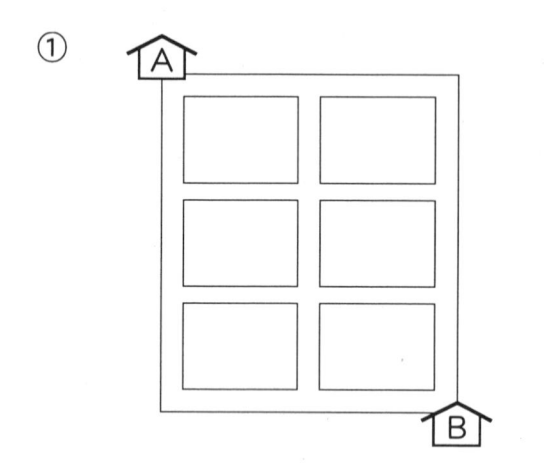

答. P120

① Aさんは街路を通ってBさん宅まで散歩がてら行きたいと思います。遠回りしないで違った道筋を行く行き方は何通りあるでしょうか。（P.78のパスカルの三角形に当てはめると簡単に分かります）

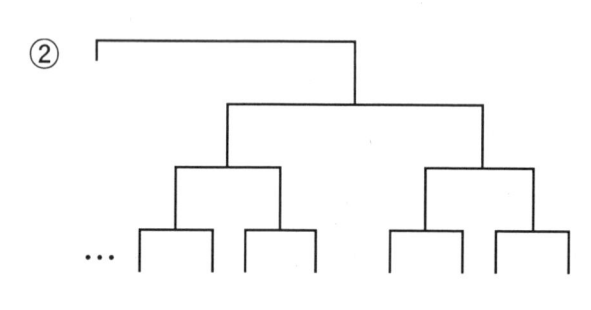

　　　　　　通り

② 高校野球の組み合わせで、勝ち抜き制（トーナメント）で試合をします。32チームが出場する場合、優勝決定戦まで全部で何試合、行なわなければならないでしょうか。（引き分けはなし）

　　　　　　試合

③ 今度はサッカーの試合です。6チームが総当り制（どのチームとも一回ずつ対戦する）の場合、全部で何試合、行なわなければならないでしょうか。

　　　　　　試合

④ A、B、C、D、Eの5人のメンバーでゲートボールに出場します。打順の組み方は全部で何通りあるでしょうか。

A	1	
B	2	
C	3	
D	4	
E	5	

　　　　　　通り

一次不定方程式に挑戦しましょう

自然数の答をみつけましょう。

① $6 \times \boxed{}^{x} - 7 \times \boxed{}^{y} = 1$

　　（6x－7y＝1）

② $11 \times \boxed{}^{x} - 13 \times \boxed{}^{y} = 1$

　　（11x－13y＝1）

③ $13 \times \boxed{}^{x} + 5 \times \boxed{}^{y} = 80$

　　（13x＋5y＝80）

二次不定方程式に挑戦

自然数の答をみつけましょう。

① $\boxed{x}^2 - 2 \times \boxed{y}^2 = 1$

$(x^2 - 2y^2 = 1)$

② $\boxed{x}^2 - 3 \times \boxed{y}^2 = 1$

$(x^2 - 3y^2 = 1)$

③ $\boxed{x}^2 - 5 \times \boxed{y}^2 = 1$

$(x^2 - 5y^2 = 1)$

二次不定方程式に挑戦（続き）

自然数の答をみつけましょう。

① $\boxed{x}^2 - \boxed{y}^2 = 91$

$(x^2 - y^2 = 91)$

② $\boxed{x}^2 + \boxed{y}^2 \times 2 = 113$

$(x^2 + 2y^2 = 113)$

③ $\boxed{x}^2 + \boxed{y}^2 = \boxed{z}^3$

$(x^2 + y^2 = z^3)$
（答はたくさんあります）

三次不定方程式に挑戦

自然数の答をみつけましょう。

① $11 \times \boxed{}^{x} + 13 \times \boxed{}^{y} + 17 \times \boxed{}^{z} = 112$

　　$(11x + 13y + 17z = 112)$

② $\boxed{}^{x^3} = \boxed{}^{y^2}$

　　$(x^3 = y^2)$
　　（答はたくさんあります）

③ $\boxed{}^{x^2} + \boxed{}^{y^2} + \boxed{}^{z^2} = 9^2$

　　$(x^2 + y^2 + z^2 = 9^2)$
　　（答えは3通りあります）

答. P120

三次不定方程式に挑戦（続き）

自然数の答をみつけましょう。

① $\boxed{}x^3 + \boxed{}y^3 + \boxed{}z^3 = \boxed{}w^3$

$(x^3 + y^3 + z^3 = w^3)$

② $\boxed{}x^3 - \boxed{}y^3 = \boxed{}w^3 - \boxed{}z^3$

$(x^3 - y^3 = w^3 - z^3)$

③ <u>連続した3数</u> a、b、c があります。

$\boxed{}a^3 + \boxed{}c^3 - 2 \times \boxed{}b^3 = 90$

$(a^3 + c^3 - 2b^3 = 90)$

観覧車をつくりましょう

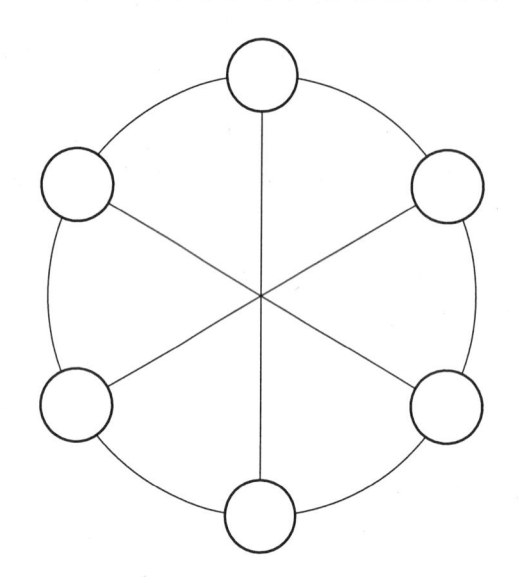

①下図のように、車輪上に6個の ◯ があります。◯ の中に1、2、3、4、5、6を配置して、隣合う2つの数の和が、反対側に配置されている2つの数の和に等しくなるようにしましょう。

例えば
　　1＋4＝2＋3　　　1＋6＝2＋5
　　6＋3＝5＋4
となります。

（もう1通り答があります）

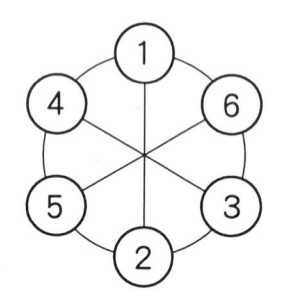

②下図で ◯ の中に1、2、3、4、5、6、7、8、9、10を配置して、となり合う2つの数の和が、反対側に配置された2つの数の和に等しくなるようにしましょう。（2通りの基本解があります）

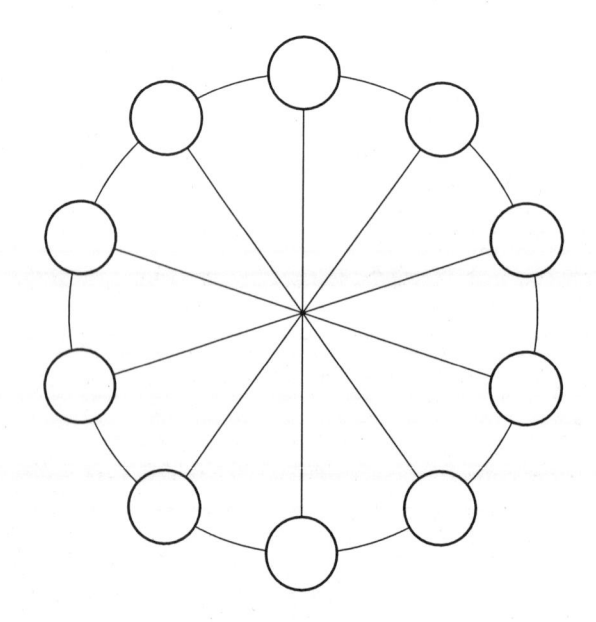

観覧車をつくる（続き）

①下図の◯に1、2、3、4、5、6、7、8、9、10、11、12、13、14、15、16、17、18、19、20、21、22を配置して、前問と同じようにしましょう。
（2通りの基本解があります）

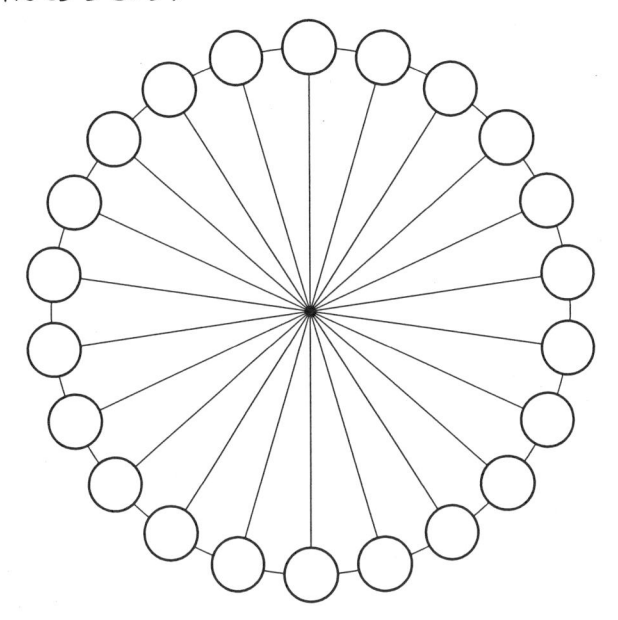

②①の結果を利用して、親子観覧車をつくりましょう。A（1、2、3、4、5、6、7、8、9、10、11）B（32、33、34、35、36、37、38、39、40、41、42）としてABの1つ1つがとなり合うように配置しましょう。

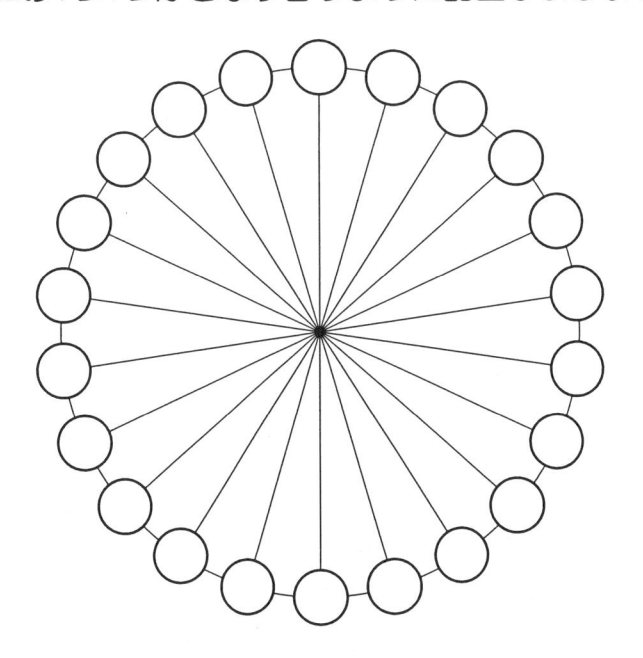

素数を書きましょう

答.P121

答はたくさんありますが、2通りみつけましょう。（4、6、8、12は1通り）

4 = ☐ + ☐

6 = ☐ + ☐

8 = ☐ + ☐

10 = ☐ + ☐

12 = ☐ + ☐

14 = ☐ + ☐

16 = ☐ + ☐

18 = ☐ + ☐

20 = ☐ + ☐

22 = ☐ + ☐

注　ゴールドバッハ予想

ゴールドバッハが1742年にオイラー宛の手紙の中で、次の予想を述べた。
現在まで未解決であるという。

2より大きい偶数は2個の素数の和で表せる。

9以上の奇数は3個の素数の和で表せる。

素数を書く（続き）

答. P121

24 = ☐ + ☐

26 = ☐ + ☐

28 = ☐ + ☐

30 = ☐ + ☐

32 = ☐ + ☐

34 = ☐ + ☐

36 = ☐ + ☐

38 = ☐ + ☐

40 = ☐ + ☐

42 = ☐ + ☐

素数を書く（続き）

44 = ☐ + ☐

46 = ☐ + ☐

48 = ☐ + ☐

50 = ☐ + ☐

52 = ☐ + ☐

54 = ☐ + ☐

56 = ☐ + ☐

58 = ☐ + ☐

60 = ☐ + ☐

62 = ☐ + ☐

円が交ってできるゾーン

①下図のように、はじめ2円が交わっています。このとき分けられるゾーンは3つです。以下3円とも交わるとゾーンは7、4円が共に交わると、ゾーンは13になります。

それでは6円がそれぞれ2点で交わるとゾーンは最大限いくつになりますか。
(興味のある方は円の数をnとしてゾーンの数を求める式をつくってください)

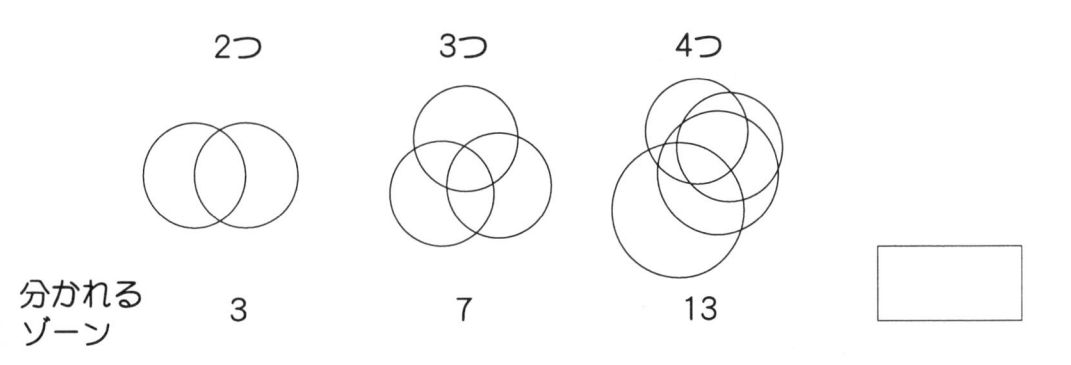

	2つ	3つ	4つ
分かれるゾーン	3	7	13

②右図のように1つの円周上にはじめ2点を置き、線分で結びます。この時、分けられるゾーンは2つです。以下3点、4点のときは4つ、8つに分かれます。

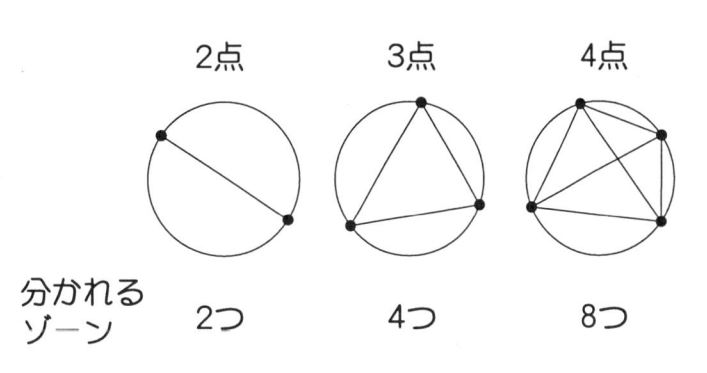

	2点	3点	4点
分かれるゾーン	2つ	4つ	8つ

それでは6点の時は最大いくつに分かれるでしょうか。
(興味のある方は点の数をnとしてゾーンの数を求める式をつくってください)

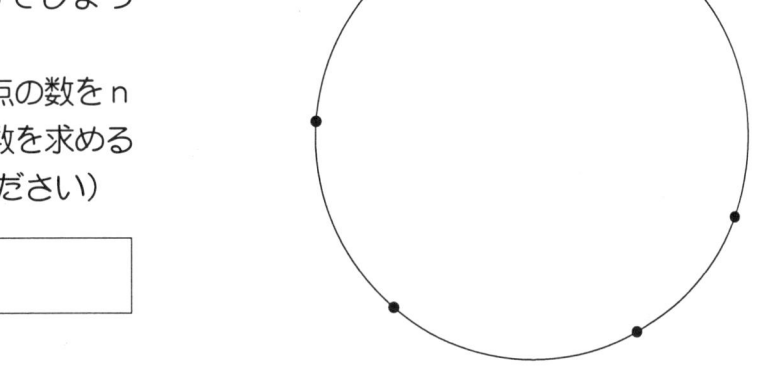

平方数の差÷平方数 ($\frac{a^2-b^2}{c^2}$ の形) で表しましょう

答. P121

2通りの仕方（例1のように分母分子が共約なものは入れない）でなるべく小さい数を選んでください。

例 $1 = \dfrac{5^2 - 4^2}{3^2} = \dfrac{5^2 - 3^2}{4^2}$　$\dfrac{10^2 - 6^2}{8^2}$ は右辺と共約

$2 = \dfrac{\Box^2 - \Box^2}{\Box^2} = \dfrac{\Box^2 - \Box^2}{\Box^2}$

$3 = \dfrac{\Box^2 - \Box^2}{\Box^2} = \dfrac{\Box^2 - \Box^2}{\Box^2}$

$4 = \dfrac{\Box^2 - \Box^2}{\Box^2} = \dfrac{\Box^2 - \Box^2}{\Box^2}$

$5 = \dfrac{\Box^2 - \Box^2}{\Box^2} = \dfrac{\Box^2 - \Box^2}{\Box^2}$

平方数の差÷平方数 ($\frac{a^2-b^2}{c^2}$ の形) で表す（続き）

$6 = \dfrac{\square^2 - \square^2}{\square^2} = \dfrac{\square^2 - \square^2}{\square^2}$

$7 = \dfrac{\square^2 - \square^2}{\square^2} = \dfrac{\square^2 - \square^2}{\square^2}$

$8 = \dfrac{\square^2 - \square^2}{\square^2} = \dfrac{\square^2 - \square^2}{\square^2}$

$9 = \dfrac{\square^2 - \square^2}{\square^2} = \dfrac{\square^2 - \square^2}{\square^2}$

$10 = \dfrac{\square^2 - \square^2}{\square^2} = \dfrac{\square^2 - \square^2}{\square^2}$

答. P121

連続数を書きましょう

① $2^3 - 1^3 = \square^2 - \square^2$

② $3^3 - 2^3 = \square^2 - \square^2$

③ $4^3 - 3^3 = \square^2 - \square^2$

④ $5^3 - 4^3 = \square^2 - \square^2$

⑤ $6^3 - 5^3 = \square^2 - \square^2$

⑥ $7^3 - 6^3 = \square^2 - \square^2$

⑦ $8^3 - 7^3 = \square^2 - \square^2$

⑧ $9^3 - 8^3 = \square^2 - \square^2$

⑨ $10^3 - 9^3 = \square^2 - \square^2$

三数の和が平方数、立方数

①3つの異なる数があります。3数全部の和も、2数ずつ組み合わせた和も、すべて平方数となります。この3数をみつけましょう。

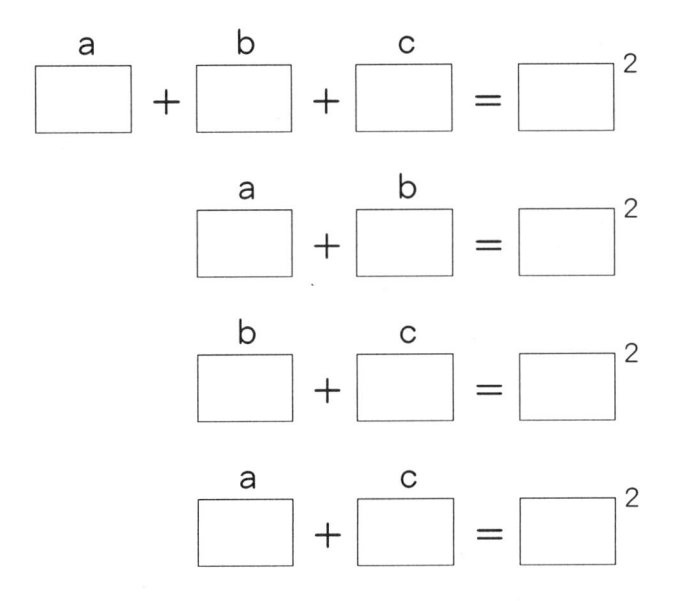

$$\boxed{}_a + \boxed{}_b + \boxed{}_c = \boxed{}^2$$

$$\boxed{}_a + \boxed{}_b = \boxed{}^2$$

$$\boxed{}_b + \boxed{}_c = \boxed{}^2$$

$$\boxed{}_a + \boxed{}_c = \boxed{}^2$$

②a、b、cの異なる3つの数があります。

a＋b＋c、a＋b、b＋cは共に立方数になります。その3数（できるだけ小さい数）をみつけましょう。

（a＋cは立方数にはなりません）

$$\boxed{}_a + \boxed{}_b + \boxed{}_c = \boxed{}^3$$

$$\boxed{}_a + \boxed{}_b = \boxed{}^3$$

$$\boxed{}_b + \boxed{}_c = \boxed{}^3$$

平方数の乗る観覧車をつくりましょう

①下図の〇に異なる平方数を配置して、二つのとなり合う数の平方の和が、この二数の反対側に配置されている平方数の和に等しくなるようにしましょう。（答は多数あります）

例　$9^2+17^2=19^2+3^2$
　　$9^2+7^2=3^2+11^2$
　　$7^2+19^2=11^2+17^2$

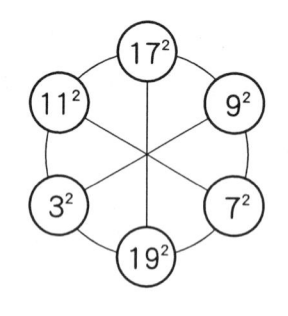

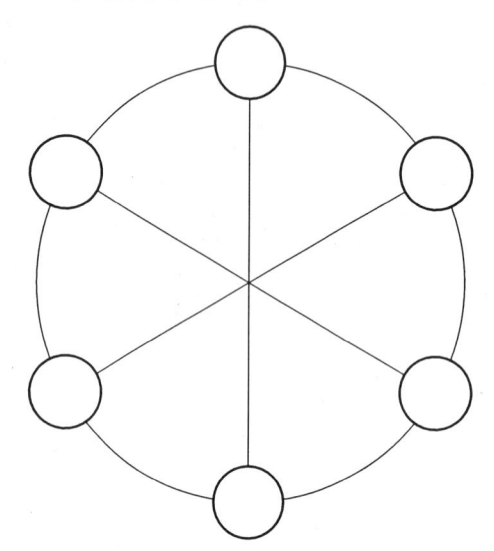

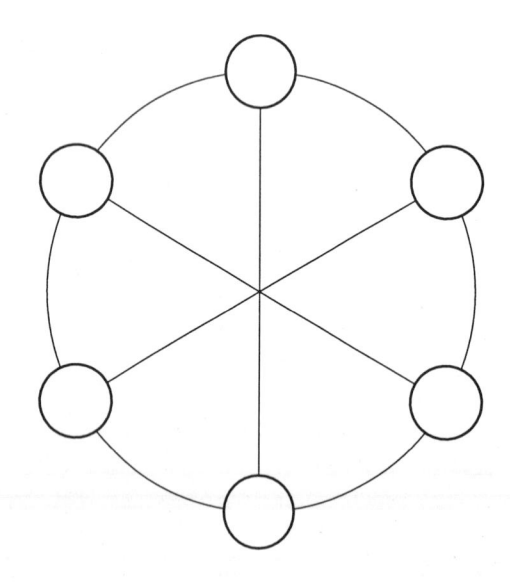

平方数の乗る観覧車をつくる（続き）

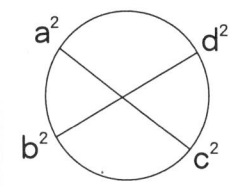

> 注 (考え方)
>
> 左図で、$a^2+b^2=c^2+d^2$ になるためには、この式を移項して
> （数学の等式の性質）
> $$a^2-c^2=d^2-b^2=x \quad \cdots\cdots\cdots\cdots Ⓐ$$
> 次に、因数分解してⒶ式は
> $$(a+c)\times(a-c)=(d+b)\times(d-b) \quad \cdots\cdots Ⓐ'$$
> となります。
> 　　　　　和　　　差　　　　和　　　差
>
> したがって、この問題では、もう一組加えて、数xを3通りの和と差の積に表す必要があります。
>
> つまり　　$x=(a+c)\times(a-c)=(d+b)\times(d-b)=(e+f)\times(e-f)$
> 　　　　　　　　和　　　差　　　和　　　差　　　和　　　差
>
> この和と差の二数の3組が答になります。(P.57⑥ 参照)

次の問題では192や288を5通りの積で表し、それぞれを和と差の積の形にしましょう。その10通りが答です。

① 回答の仕方は前問と同じです。
　下図の ◯ に平方数を配置して、二つのとなり合う平方数の和が、この二数の反対側に配置されている平方数の和に等しくなるようにしましょう。
　（答は多数あります）

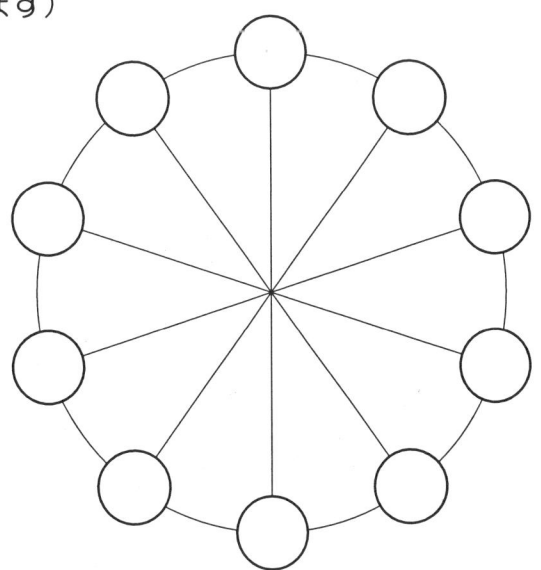

ちょっと一息

《素数について》

①7を割り切る、自然数を見てみましょう。
（答が小数にならないことが条件です）

$7 \div 1 = 7$

$7 \div 7 = 1$　　の2通りですね。割る方の数を約数といいます。

7の約数は1と7だけです。この7のように、
<u>1と自身以外に約数を持たない時、その数を素数</u>といいます。

（素数の表を別に用意してあります）

②素数についていくつかの定理

(1)　
> a を p で割り切れない素数のとき
> $a^{p-1} - 1$ は素数 p で割り切れる（フェルマーの定理）

　　例　　$10^6 - 1 = 1000000 - 1 = 999999 = 142857 \times ⑦$

(2)　
> $2^p - 1$ の形をした素数はメルセンヌ素数と呼ばれます（ただし p は素数）

　　例　　$2^2 - 1 = \underline{3}$　　$2^3 - 1 = \underline{7}$　　$2^5 - 1 = \underline{127}$　　$2^{13} - 1 = \underline{8191}$

コンピューターの出現により1999年には38番目のメルセンヌ素数をハハラトワラという人が発見しました。実に $p = 6972593$ で、その数が何桁になるか計算しようがありません。さらに、2002年には、41番目のメルセンヌ数が発見されたそうです。

(3)　
> $1 \times 2 \times 3 \times 4 \times \cdots\cdots \times (p-1) + 1$ は p で割り切れる（ウィルソンの定理）

　　例　　$1 \times 2 \times 3 \times 4 \times 5 \times 6 + 1 = 721 = 103 \times ⑦$

(4) | 4n＋1の型の素数は、すべて2つの平方数の和で表される。

例　　n＝7　のとき、$4×7+1=29=5^2+2^2$
　　　n＝10 のとき、$4×10+1=41=5^2+4^2$
　　　n＝15 のとき、$4×15+1=61=5^2+6^2$

(5) フェルマー素数

| $F=2^{2^f}+1$ です。

例　　$2^{2^0}+1=2^1+1=3$、　$2^{2^1}+1=2^2+1=5$

$2^{2^2}+1=2^4+1=17$　だが、$F_5=2^{2^5}+1$ の値が、$641×6700417$で合成数であり、F_5以降は、すべて合成数であろうといわれています。

(6) オイラーのφ関数

| 0からn－1までの間にnと互いに素な数はいくつありますか。
| というものです。

例　　n＝6　　　0、1、2、3、4、5の中で1と5だけが6と互いに素なので、
　　　　　　　　φ(6)＝2個
　　　n＝8　　　0～7の中で1、3、5、7が互いに素だから、
　　　　　　　　φ(8)＝4個
　　　n＝13　　 0～12はすべて13と互いに素だから、
　　　　　　　　φ(13)＝12個

③最後に、平方数の和が4組、のつくり方を紹介しましょう。

例えば、$5×13×17$（すべて素数）$=(1^2+2^2)(2^2+3^2)(1^2+4^2)$
$(5×13)×17=(7^2+4^2)(1^2+4^2)=23^2+24^2$　………… Ⓐ
　　　　　$=(1^2+8^2)(1^2+4^2)=33^2+4^2$　………… Ⓑ
$(5×17)×13=(7^2+6^2)(2^2+3^2)=32^2+9^2$　………… Ⓒ
$(13×17)×5=(10^2+11^2)(1^2+2^2)=12^2+31^2$………… Ⓓ
$1105=5×13×17=$Ⓐ$=$Ⓑ$=$Ⓒ$=$Ⓓ　となります。（P.57⑤参照）

2でない素数を書きましょう（複数の答がある数があります）

答. P122

9 = ☐ + ☐ + ☐

11 = ☐ + ☐ + ☐

13 = ☐ + ☐ + ☐

15 = ☐ + ☐ + ☐

17 = ☐ + ☐ + ☐

19 = ☐ + ☐ + ☐

21 = ☐ + ☐ + ☐

23 = ☐ + ☐ + ☐

25 = ☐ + ☐ + ☐

27 = ☐ + ☐ + ☐

2でない素数を書く（続き）

29 = ☐ + ☐ + ☐

31 = ☐ + ☐ + ☐

33 = ☐ + ☐ + ☐

35 = ☐ + ☐ + ☐

37 = ☐ + ☐ + ☐

39 = ☐ + ☐ + ☐

41 = ☐ + ☐ + ☐

43 = ☐ + ☐ + ☐

45 = ☐ + ☐ + ☐

47 = ☐ + ☐ + ☐

魔星陣に挑戦しましょう

答. P122

①五星陣

星型の頂点の◯に1、2、3、4、5、6、8、9、10、12（7がなく11もありません）を配置して直線部分の4つの数の和がいずれも24になるようにしましょう。（答は複数あります）

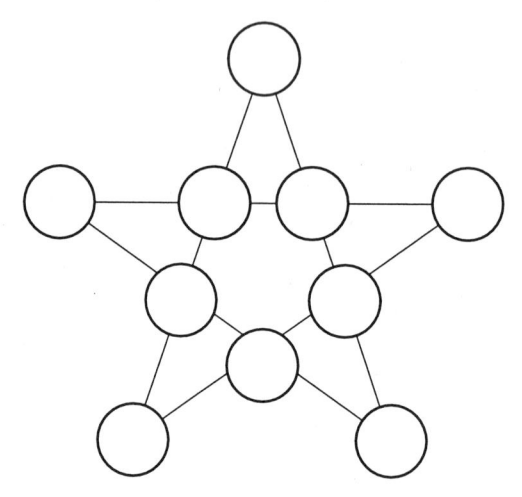

②六星陣

◯に1、2、3、4、5、6、7、8、9、10、11、12を配置して直線部分の4つの数の和が、いずれも26になるようにしましょう。内部の6つの数の和も26になります。

魔星陣に挑戦（続き）

①八星陣

正方形二つが交わっています。各辺の交点、16個に1、2、3、4、5、6、7、8、9、10、11、12、13、14、15、16を配置して、各辺の数の和がすべて34になるようにしましょう。（答は複数あります）

②七星陣

下図の七線星型の〇に1、2、3、4、5、6、7、8、9、10、11、12、13、14を配置して各辺の数の和が30になるようにしましょう。

菱形星陣に挑戦しましょう

答. P122

①四菱星陣

下図の〇に1、2、3、4、5、6、7、8、9を配置して（中心に5を入れる）菱形（小さい正方形）の4つの頂点の数の和がいずれも20になるようにしましょう。

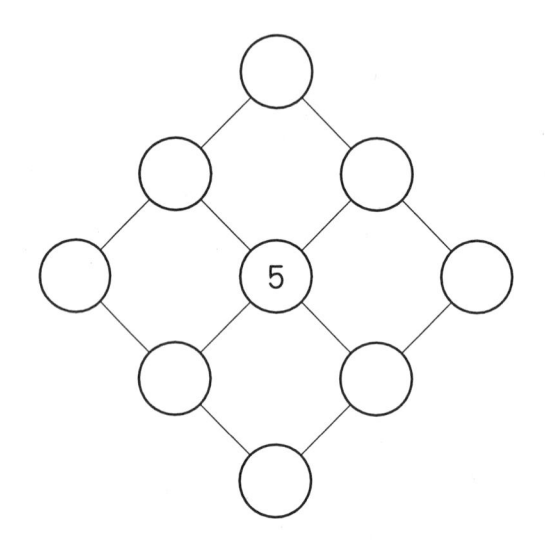

②五菱星陣

下図の〇に1、2、3、4、5、6、7、8、9、10、11を配置して（中心に6を入れる）菱形の4つの頂点の数の和がいずれも21になるようにしましょう。

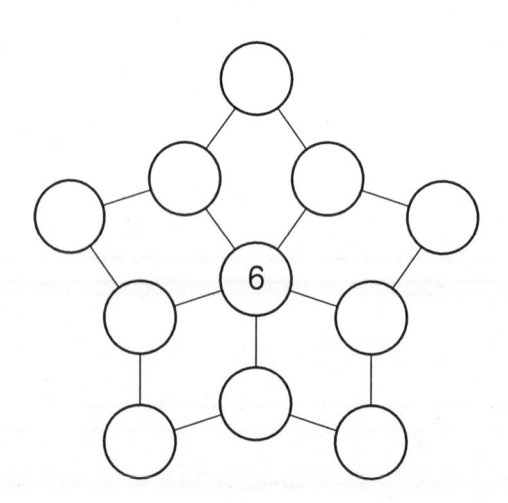

菱形星陣に挑戦（続き）

①六菱星陣

下図の〇に1、2、3、4、5、6、7、8、9、10、11、12、13を配置して（中心に7を入れる）、菱形の4つの頂点の数の和がいずれも28になるようにしましょう。なお、P104の②の六星陣にあてはめると直線部分の4つの数の和がいずれも28になります。

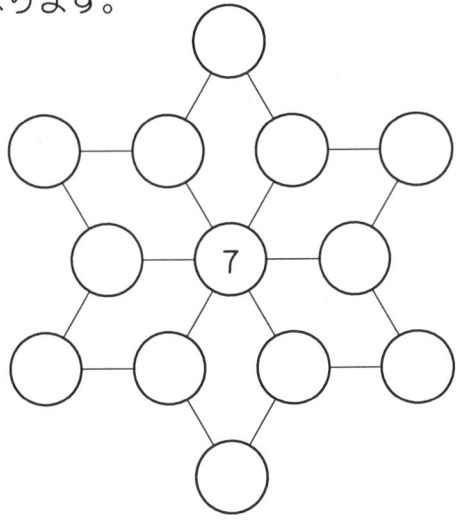

④七菱星陣

〇に1、2、3、4、5、6、7、8、9、10、11、12、13、14、15を配置して（中心に8を入れる）菱形の4つの頂点の数の和がいずれも28になるようにしましょう。次に右の七星陣にあてはめると、8を除いた14個の数を配置して直線部分の4つの数の和が32になるようにしましょう。

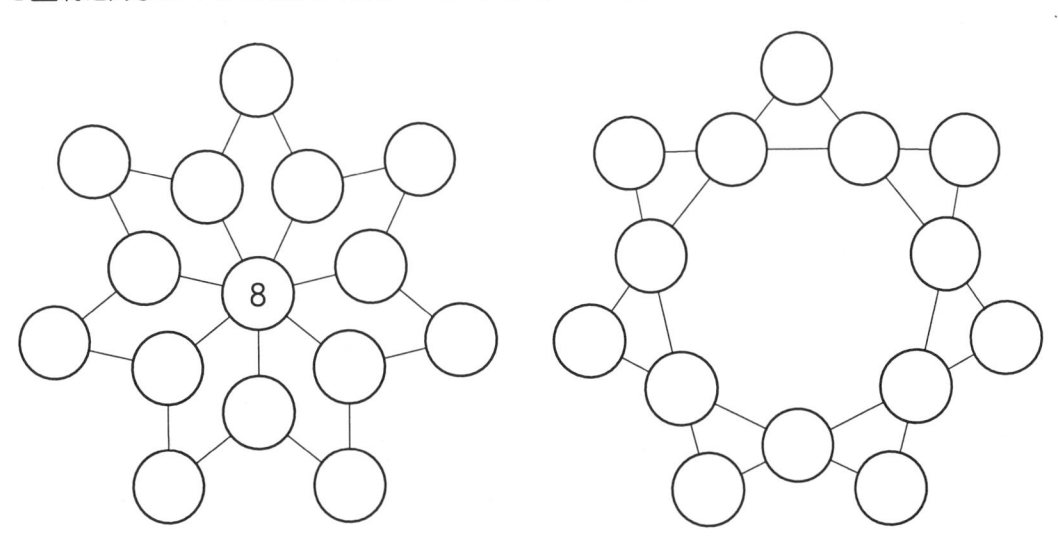

正方形と三角形に並ぶ球

①同じ直径の球をはじめ、正方形になるように配置しました。次に、同じ個数を正三角形になるように配置し直すと、ぴったりと収まりました。球の数は何個あったでしょうか。

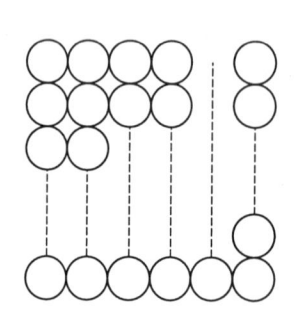

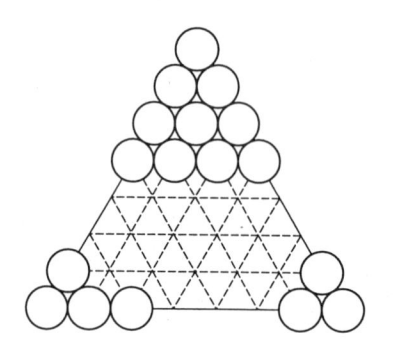

☐ 個

②同じ直径の球がはじめ、立方体の形をした箱にぎっしり（縦、横、高さ同数）入っています。次に、同じ個数を、底面が正三角形のピラミッド型に積み上げたら、1個だけ球が余りました。球の数は何個でしょうか。

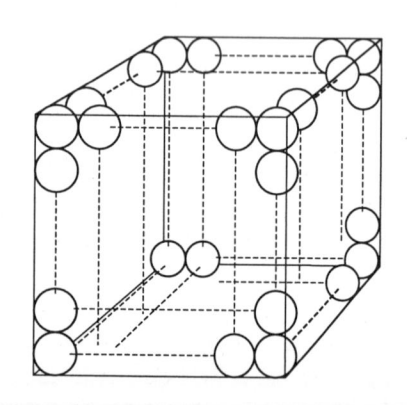

三角ピラミッドの底面（上から）

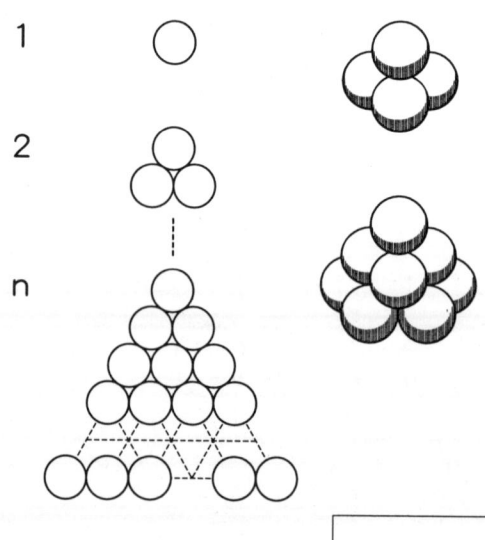

1
2
n

☐ 個

位がずれる掛け算

①3桁の数があります。この数を1.9倍すると、先頭の数字が末尾にくるだけで、他の2つの数字の並び方は同じです。3桁の数をみつけましょう。

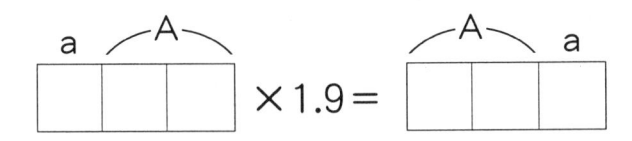

②3桁の数があります。この数を2.8倍すると、末尾の数字が先頭にくるだけで、他の2つの数字の並び方は同じです。3桁の数はいくつですか。

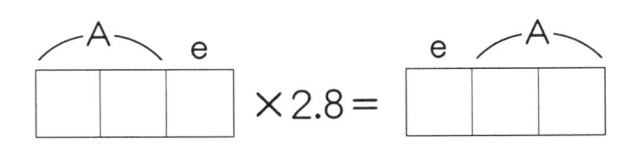

位がずれる掛け算（続き）

①6桁の数があります。この数を3倍すると、先頭の数字が末尾にくるだけで、あとの数の並び方は同じです。初めの6桁の数をみつけましょう。（答は2通りあります）

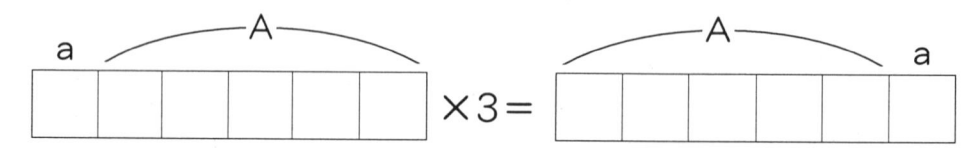

②4倍すると、末尾の数字が先頭にまわるだけで、他の数字の並び方は同じです。このような6桁の数はいくつですか。（答は6通りあります）

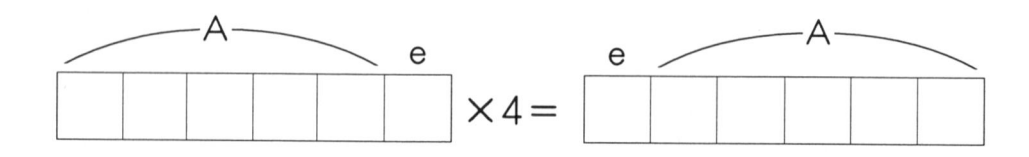

位がずれる掛け算（続き）

①末尾が8の18桁の数があります。この8を先頭に移すと、元の数の2倍になります。元の数はいくつですか。

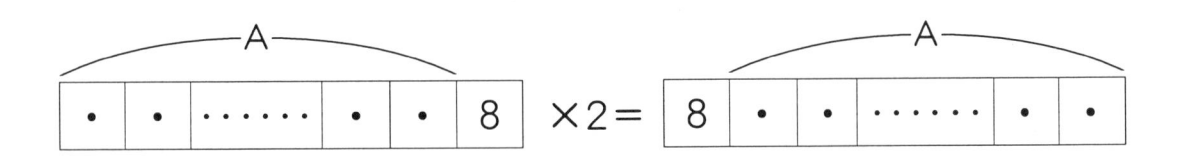

②7倍すると、最後の数字が先頭にくるような22桁の数があります。元の数をみつけましょう。（答は3通りあります）

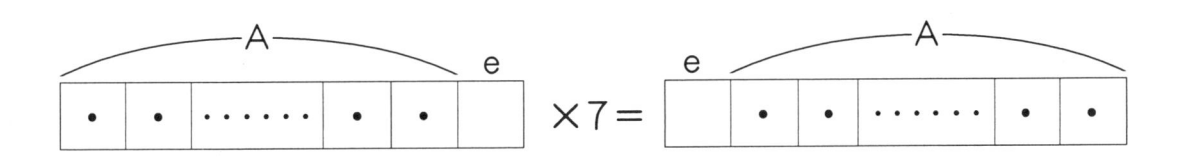

位がずれる掛け算（続き）

①末尾が6の28桁の数があります。3倍すると、この6が先頭にくるだけで、あとの数の並び方は同じです。28桁の数をみつけましょう。

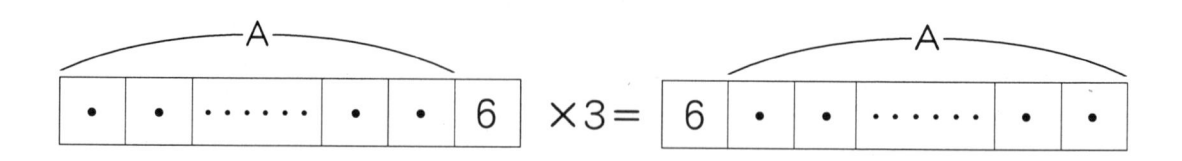

②末尾が9の58桁の数があります。この数を6倍すると9が先頭にくるだけで、あとの数の並び方は同じです。58桁の数をみつけましょう。

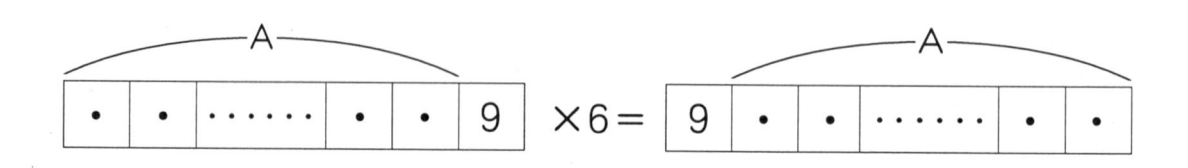

> ちょっと一息

《再帰数列（漸化式）について》

再帰数列とは、ある項を表すのに、その項の前の項、前前項、前前前項等を使います。したがって、再帰（前に戻る）という言葉は漸化と同じ意味です。

①最初に自然数列　1　2　3　4　5　6　7　8……n　について調べましょう。

(1) 例えば、**8を表すのに前数7、前前数6を使って表す**には、どんな計算をすればよいでしょうか。7＝(8＋6)÷2だから、

$$8+6=2\times 7 \rightarrow 8=2\times 7-6$$

つまり、　| その数＝2×前数－前前数 |　………Ⓐ

(2) 次に、**8を表すのに前数7、前前数6、前前前数5を使って表す**には、どうすればよいでしょうか。

　1つには、8－7＝6－5だから　8＝7＋6－5でもいいですね。

　ところで、Ⓐを使うと次のようにうまくいきます。

　　8＝2×7－6で　7＝2×6－5　だから
　　8－7＝2×7－6－(2×6－5)
　　－7を右辺へ移項して　8＝3×7－3×6＋5

つまり、　| その数＝3×前数－3×前前数＋前前前数 |　………Ⓑ

さらに、8を7、6、5、4で表してみましょう。

　　8＝3×7－3×6＋5で　7＝3×6－3×5＋4　だから
　　8－7＝3×7－3×6＋5－(3×6－3×5＋4)
　　－7を移項して、8＝4×7－6×6＋4×5－4

つまり、　| その数＝4×前数－6×前前数＋4×前前前数－前前前前数 |　…Ⓒ

(3) **数列の和はどうなるでしょうか。**

　1から8までの和は36、7までは28、6までは21、5までは15。

　36を28、21、15を使って表してみましょう。

　数列の和はＳ＝(n^2＋n)÷2（p.38）だから、次の②のⒷ′つまりⒷが使えることになります。

　　8までの和＝3×(7までの和)－3×(6までの和)＋(5までの和)
　　　36＝3×28－3×21＋15

② 2乗の数列　1^2　2^2　3^2　4^2　5^2　6^2　7^2 ……n^2

(1) 7^2を6^2と5^2と4^2を使って表してみましょう。

$7^2 = (4+3)^2 = 4^2 + 4 \cdot 6 + 3^2$ …… n
$6^2 = (4+2)^2 = 4^2 + 4 \cdot 4 + 2^2$ …… a
$5^2 = (4+1)^2 = 4^2 + 4 \cdot 2 + 1^2$ …… b
$4^2 = 4^2$ ……………………… c

　　　n = 3a − 3b + c　となりますね。

よって、　$7^2 = 3 \times 6^2 − 3 \times 5^2 + 4^2$

つまり、　| その数 = 3×前数 − 3×前前数 + 前前前数 |　……Ⓑ'

(2) 次に2乗の和はどうなるでしょうか。

1^2から7^2までの和は140、6^2までは91、5^2までは55、4^2までは30、3^2までは14。
140を91、55、30、14を使って表してみましょう。

2乗の和は　$S = \dfrac{1}{3}n^3 + \dfrac{1}{2}n^2 + \dfrac{1}{6}n$　だから、

次のⒹつまりⒸが使えることになります。

| その数までの和 = 4×(前数までの和) − 6×(前前数までの和) + 4×(前前前数までの和) − (前前前前数までの和) |　…Ⓓ

$140 = 4 \times 91 − 6 \times 55 + 4 \times 30 − 14$

③ 3乗の数列　1^3　2^3　3^3　4^3　5^3　6^3　7^3 ……n^3

(1) 6^3を5^3、4^3、3^3、2^3を使って表してみましょう。

$216 = 4 \times 125 − 6 \times 64 + 4 \times 27 − 8$ ………Ⓓ

だからⒸと同じ式で計算できます。

(2) ちなみに、3乗の和は次のようになります。

| 6^3までの和 = 5×(5^3までの和) − 10×(4^3までの和) + 10×(3^3までの和) − 5×(2^3までの和) + (1^3までの和) |　…Ⓔ

$441 = 5 \times 225 − 10 \times 100 + 10 \times 36 − 5 \times 9 + 1$

【まとめ】

自然数列とその和、2乗の数列とその和、3乗の数列とその和……等については、
次のような再帰方程式が成り立ちます。（数列の項、和をU_nとします）

自然数列	$U_{n+2} = 2U_{n+1} - U_n$
自然数列の和、2乗の数列	$U_{n+3} = 3U_{n+2} - 3U_{n+1} + U_n$
2乗の数列の和、3乗の数列	$U_{n+4} = 4U_{n+3} - 6U_{n+2} + 4U_{n+1} - U_n$
3乗の数列の和、4乗の数列	$U_{n+5} = 5U_{n+4} - 10U_{n+3} + 10U_{n+2} - 5U_{n+1} + U_n$

【冪乗の和の公式 (P.38参照)】

$1 + 1 + 1 + \cdots\cdots + 1 = S_0$ 　例として S_1 を求めます。

$1 + 2 + 3 + \cdots\cdots + n = S_1$ 　　$(1-1)^2 = 1^2 - 2 \cdot 1 + 1$ 　　（左辺を展開＝右辺）

$1^2 + 2^2 + 3^2 + \cdots\cdots + n^2 = S_2$ 　$(2-1)^2 = 2^2 - 2 \cdot 2 + 1$

$1^3 + 2^3 + 3^3 + \cdots\cdots + n^3 = S_3$ 　$(3-1)^2 = 3^2 - 2 \cdot 3 + 1$

$1^4 + 2^4 + 3^4 + \cdots\cdots + n^4 = S_4$ 　$(4-1)^2 = 4^2 - 2 \cdot 4 + 1$

$1^5 + 2^5 + 3^5 + \cdots\cdots + n^5 = S_5$ 　$(5-1)^2 = 5^2 - 2 \cdot 5 + 1$

　　　　　　　⋮　　　　　　　　　　　⋮

　　　とします。　　　　　$(n-1)^2 = n^2 - 2 \cdot n + 1$ 　(+

上の行から下の行までの和→　$0 = n^2 - 2(1 + 2 + 3 + 4 + \cdots\cdots + n)$

　　　　　　　　　　　　　　　　　　　$+ (1 + 1 + 1 + \cdots 1)$

　　　　　　　　　　　　$0 = n^2 - 2S_1 + S_0$

　　　　　　　よって　$\underline{n^2 = 2S_1 - S_0}$

同じようにして、例の左辺を3乗、4乗、5乗すると下記の左側の式が得られ、
nを$n+1$に代えると右側の式になります。

$n = S_0$	$(n+1) = 1 + S_0$
$n^2 = 2S_1 - S_0$	$(n+1)^2 = 1 + 2S_1 + S_0$
$n^3 = 3S_2 - 3S_1 + S_0$	$(n+1)^3 = 1 + 3S_2 + 3S_1 + S_0$
$n^4 = 4S_3 - 6S_2 + 4S_1 - S_0$	$(n+1)^4 = 1 + 4S_3 + 6S_2 + 4S_1 + S_0$
$n^5 = 5S_4 - 10S_3 + 10S_2 - 5S_1 + S_0$	$(n+1)^5 = 1 + 5S_4 + 10S_3 + 10S_2 + 5S_1 + S_0$

上式より S_1　S_2　S_3　S_4　S_5 を求めると、次のようになります。

$S_0 = n$ $\qquad\qquad\qquad\qquad S_3 = \dfrac{1}{4}(n^4 + 2n^3 + n^2)$

$S_1 = \dfrac{1}{2}(n^2 + n)$ $\qquad\qquad S_4 = \dfrac{1}{30}(6n^5 + 15n^4 + 10n^3 - n)$

$S_2 = \dfrac{1}{6}(2n^3 + 3n^2 + n)$ $\qquad S_5 = \dfrac{1}{12}(2n^6 + 6n^5 + 5n^4 - n^2)$

注【まとめ】の再帰方程式のつくり方

> 再帰数列の項を U_{n+k} とすると、
> $\quad U_{n+k} = a_1 U_{n+k-1} + a_2 U_{n+k-2} + \cdots + a_k U_n$ となります。
> 再帰数列の項の和は
> $\quad U_{n+k+1} = (1+a_1)U_{n+k} + (a_2-a_1)U_{n+k-1} + \cdots - a_k U_n$ です。

例　自然数列

Ⓐ　$U_{n+2} = 2U_{n+1} - U_n \quad (a_1 = 2 \quad a_2 = -1)$

　　自然数列の和、2乗の数列

　　$U_{n+3} = (1+2)U_{n+2} + (-1-2)U_{n+1} - (-1)U_n$

Ⓑ　　　　$= 3U_{n+2} - 3U_{n+1} + U_n \quad (a_1 = 3 \quad a_2 = -3 \quad a_3 = 1)$

　　2乗の和はnが1つ増えて

　　$U_{n+4} = (1+3)U_{n+3} + (-3-3)U_{n+2} + (1-(-3))U_{n+1} - U_n$

Ⓓ　　　　$= 4U_{n+3} - 6U_{n+2} + 4U_{n+1} - U_n \qquad$ 等です。

例　フィボナッチ数列も再帰数列です。（P.70参照）

　　$U_{n+2} = U_{n+1} + U_n \quad (a_1 = 1 \quad a_2 = 1)$

　　数列の和は

　　$U_{n+3} = (1+1)U_{n+2} + (1-1)U_{n+1} - U_n$

　　　　　$= 2U_{n+2} - U_n$

　　8項までの和 ＝ 2×(7項までの和) − (5項までの和)

　　　　　　54 ＝ 2×33 − 12

解 答

P.4 ①3と4の間から10と9の間に線を引く。
②

P.5

①	②	③
1 + 3 = 4	13 − 10 = 3	120 ÷ 20 = 6
+ + +	+ − −	+ ÷ ÷
6 + 2 = 8	8 − 6 = 2	12 ÷ 4 = 3
= = =	= = =	= = =
7 + 5 = 12	5 − 4 = 1	10 ÷ 5 = 2

上記のほか各3通りのバリエーションがあります。

P.6 ①9 ②13 ③57 ④94 ⑤123 ⑥840

P.7 ①5 ②6 ③55 ④30 ⑤25 ⑥385

P.8 ①63 ②86 ③448 ④408 ⑤3268 ⑥33138

P.9 ①8 ②23 ③154 ④73 ⑤6 ⑥6

P.10 ①8、2=6、4 ②11、7=9、5、3、1
③14、12、2=10、8、6、4　14、10、4=12、8、6、2　14、10、4=12、8、6、2　14、8、6=12、10、4、2　14、8、4、2=12、10、6

P.11 ①111 ②222 ③333 ④444 ⑤555 ⑥666 ⑦777 ⑧888 ⑨999 ⑩1221

P.12 ①81 ②891 ③8,999,999,991 ④108 ⑤1107 ⑥11106

P.13 ①111,111,111 ②98,765,432 ③790,123,456 ④888,888,888

P.14 ①0.5 ②0.25 ③0.125
④0.142857142857… ⑤1.111…
⑥1.010101… ⑦0.909090…
⑧0.900900900…

P.15 ①4、$\frac{2}{5}$ ②25、$\frac{1}{4}$ ③625、$\frac{5}{8}$ ④5
⑤18、$\frac{2}{11}$ ⑥926

P.16 (a、b)=①(8、4) ②(6、2) ③(9、3) ④(8、2)

P.17 (a、b)=①(6、4) ②(9、6) ③(6、3) ④(8、4)
⑤(9、3) ⑥(8、6) ⑦(8、4) ⑧(9、6)

P.20 ①6、3 ②12、4 ③12、6 ④30、6
⑤24、8 ⑥56、8 ⑦24、12 ⑧36、12
⑨35、14

P.21 ①15、3 ②28、4 ③18、6 ④66、6
⑤91、7 ⑥30、10と45、9 ⑦9、153

P.22 ①6 ②19 ③140 ④8263

P.23 ①(主、A、B、C、D)=(8、6、10、4、16)
②(A、B、C)=(46、47、57)

P.24 ①

②

P.25 ①

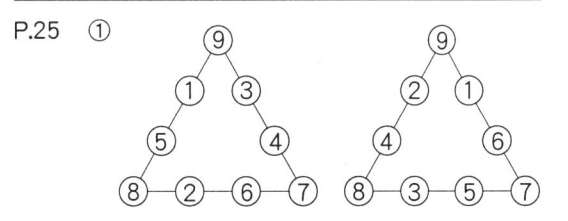

② [graph diagrams]

各頂点間の2数の和のバリエーションがあります

P.26　①59(59+60k　k=1、2…)　②2519

P.27　①214(214+210k)　②68(68+105k)
　　　③73

P.30　①2、3、6
　　　②2、3、4、5、6、20　　2、3、4、6、8、9、72
　　　③2、3、4、5、6、7、8、10、12、24、30、42
　　　　2、3、4、5、6、8、9、10、12、20、24、40、72

P.31　①a=3、b=6　②a=2、b=3
　　　③a=3、b=6　④a=2、b=6

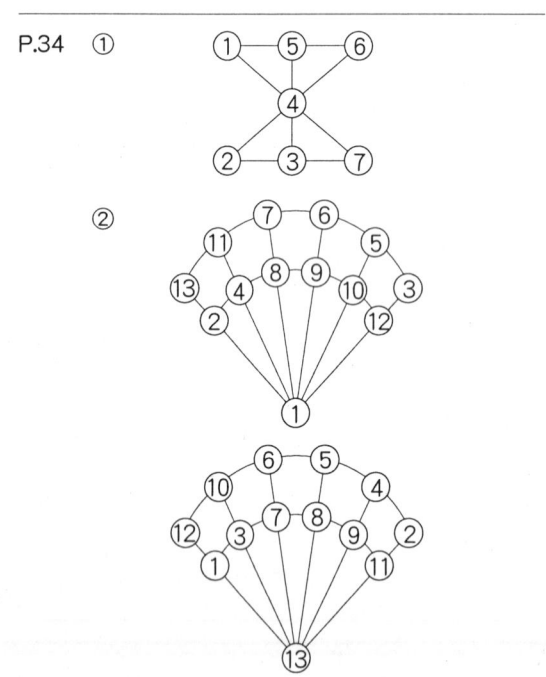

P.34　① [graph diagram]
　　　② [graph diagrams]

P.35　①(1) a=9　b=10　c=6　d=7　e=8　f=1
　　　　　　g=3　h=5　i=2　j=4
　　　　(2) a=5　b=1　c=2　d=3　e=4　f=8
　　　　　　g=10　h=7　i=9　j=6
　　　②(1) a=9　b=4　c=8　d=12　e=10　f=11
　　　　　　g=7　h=6　i=3　j=2　k=5　l=1
　　　　(1)' a=7　b=6　c=12　d=10　e=8　f=11
　　　　　　g=9　h=2　i=3　j=4　k=5　l=1
　　　　(2) a=3　b=2　c=4　d=1　e=5　f=9
　　　　　　g=12　h=8　i=10　j=11　k=6　l=7

P.36　①4、5、6　②11〜14　③28〜32
　　　④47〜53　⑤196〜205　⑥10〜17
　　　⑦11〜14

P.37　①24、25　②15、16、17　③7〜10
　　　④4〜8　⑤6　⑥35　⑦70　⑧55

P.39　(2)、(2、3)、(3、4)、(4、5)　$(n-1)^3+n^3$

P.40　①(3)9〜15　(4)16〜24
　　　　(5)25〜35(行の最初の数はn^2)
　　　②(3)21〜27　(4)36〜44
　　　　(5)55〜65(行の最初の数$2n^2+n$)

P.41　①$3^2×1+2^2×3+1^2×4$　8個
　　　②$4^2×1+3^2×2+2^2×3+1^2×3$　9個
　　　③$7^2×1+4^2×3+3^2×1+2^2×3+1^2×3$　11個

P.42　①13、14　②9、17　③8、11　④2、11
　　　⑤3、14

P.43　①3、11　②1、12　③5、15　④2、14　⑤5、14

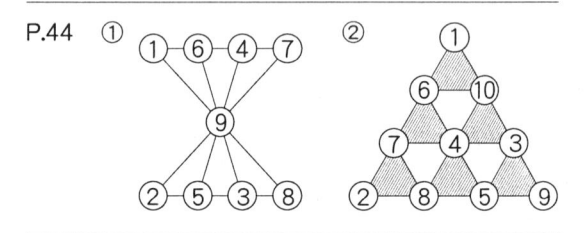

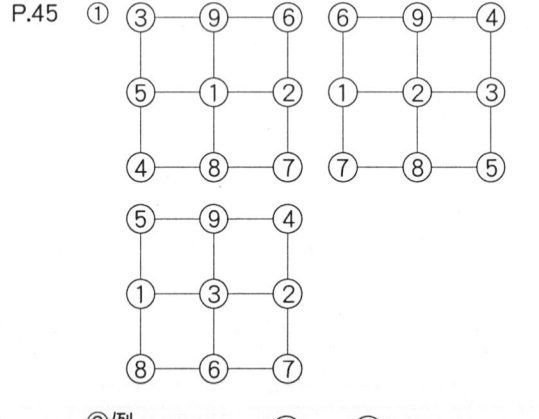

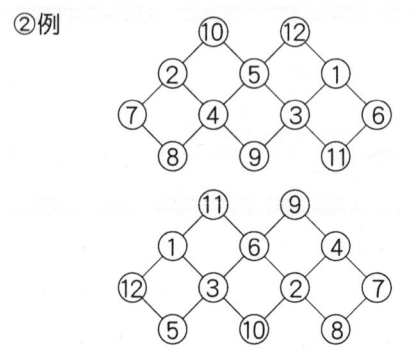

P.44　① [graph diagram]　② [triangular diagram]

P.45　① [grid diagrams]

②例 [diamond grid diagrams]

解答

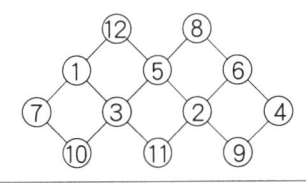

P.46　1(1)　2(1、1)　3(1、1、1)　4(2)　5(2、1)
　　　6(2、1、1)　7(2、1、1、1)　8(2、2)　9(3)
　　　10(3、1)

P.47　11(3、1、1)　12(2、2、2)　13(3、2)
　　　14(3、2、1)　15(3、2、1、1)　16(4)
　　　17(4、1)　18(3、3)　19(3、3、1)　20(4、2)

P.48　21(4、2、1)　22(3、3、2)　23(3、3、2、1)
　　　24(4、2、2)　25(5)　26(5、1)　27(5、1、1)
　　　28(4、2、2、2・5、1、1、1)　29(5、2)
　　　30(5、2、1)

P.49　31(5、2、1、1・3、3、3、2)　32(4、4)
　　　33(4、4、1・5、2、2)　34(5、3)　35(5、3、1)
　　　36(6)　37(6、1)　38(6、1、1・5、3、2)
　　　39(6、1、1、1・5、3、2、1)　40(6、2)

P.50　41(5、4)　42(5、4、1)　43(5、3、3)
　　　44(6、2、2)　45(6、3)　46(6、3、1)
　　　47(6、3、1、1・5、3、3、2)　48(4、4、4)
　　　49(7)　50(5、5・7、1)

P.51　51(5、5、1・7、1、1)　52(6、4)　53(7、2)
　　　54(7、2、1・6、3、3・5、5、2)
　　　55(7、2、1、1・6、3、3、1・5、5、2、1)
　　　56(6、4、2)　57(7、2、2・5、4、4)
　　　58(7、3)　59(7、3、1・5、5、3)
　　　60(7、3、1、1・6、4、2、2・5、5、3、1)

P.52　61(6、5)　62(7、3、2・6、5、1)
　　　63(6、5、1、1・7、3、2、1)　64(8)
　　　65(7、4・8、1)　66(7、4、1・8、1、1・5、5、4)
　　　67(7、3、3)　68(8、2)　69(7、4、2・8、2、1)
　　　70(6、5、3)

P.53　71(7、3、3、2・6、5、3、1)　72(6、6)
　　　73(8、3)　74(7、5)　75(5、5、5・7、5、1)
　　　76(6、6、2)　77(8、3、2・6、5、4)
　　　78(7、5、2)　79(7、5、2、1・5、5、5、2)

P.54　80(8、4)　81(9)　82(9、1)
　　　83(9、1、1・7、5、3)　84(8、4、2)
　　　85(7、6・9、2)　86(9、2、1・7、6、1・6、5、5)
　　　87(9、2、1、1・7、6、1、1・6、5、5、1・7、5、3、2)
　　　88(6、6、4)　89(8、5)　90(9、3)

P.55　91(9、3、1)
　　　92(9、3、1、1・7、5、3、3・6、6、4、2)
　　　93(8、5、2)　94(9、3、2・7、6、3)
　　　95(9、3、2、1・7、6、3、1)　96(8、4、4)
　　　97(9、4)　98(7、7)
　　　99(9、3、3・7、5、5・7、7、1)　100(10)

P.58　①(20、21)、(119、120)、(696、697)
　　　②(41、40)(61、60)(85、84)
　　　　(3、4、5)、(11、12、13、14)

P.59　①(たて、よこ)＝(4、4)(3、6)
　　　②(a、b、c)＝(5、12、13)(6、8、10)
　　　③(たて、よこ、高さ)＝(2、4、6)

P.60　①

②(1)　(2)

P.61　①(1)　(2)

(3)

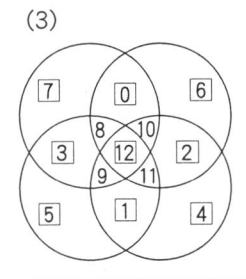

P.62　①(a、b)＝(2、5)　②(a、b)＝(5、1)(2、1)
　　　③(a、b)＝(8、1)
　　　④(a、b、c)＝(8、9、2)

P.63　①(a、b、c、d)＝(1、6、8、1)　e＝4　f＝9
　　　②(a、b、c)＝(6、2、5)　③(a、b)＝(3、7)
　　　④$\binom{a、b、c}{d、e、f}=\binom{1、5、6}{2、3、7}\binom{1、6、8}{2、4、9}\binom{2、6、7}{3、4、8}$

P.64　①(a、b、c)＝(5、1、2)
　　　②(a、b、c、d)＝(5、8、3、2)　③(a、b)＝(6、3)
　　　④(a、b)＝(1、3)(6、3)(9、1)
　　　　(c、d、e)＝(7、0、3)(1、5、3)(1、0、9)

P.65　①1　②2　③2　④2

P.66　(x、a、b)＝①(26、6、4)　②(13、17、7)
　　　③(25、35、5)

P.68 ①
6	1	8
7	5	3
2	9	4

②
12	2	24
16	9	4
3	32	6

③
1	12	14	7
8	13	11	2
15	6	4	9
10	3	5	16

1	14	15	4
12	7	6	9
8	11	10	5
13	2	3	16

1	14	7	12
15	4	9	6
10	5	16	3
8	11	2	13

880通りの答があるそうです。

P.69 ①
1	7	2	8
4	6	3	5

左の数の並べ替えのバリエーションが多数あります

②
	12	1	
8	3	10	5
6	9	4	7
	2	11	

左の数の組み合わせのバリエーションが多数あります

P.72 ① (triangle figure)

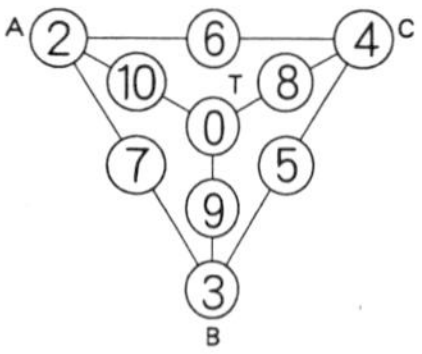

② (square figures)

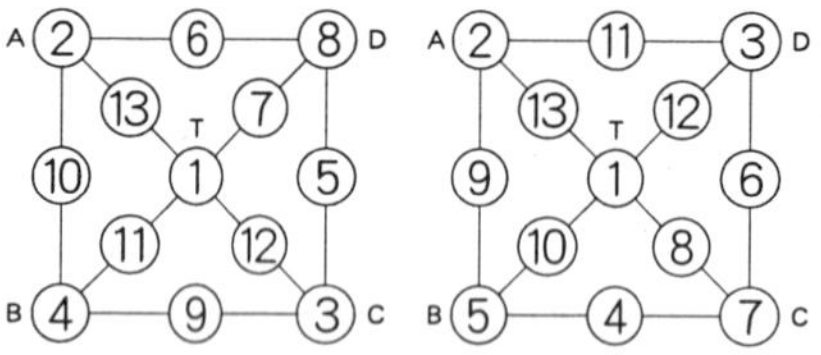

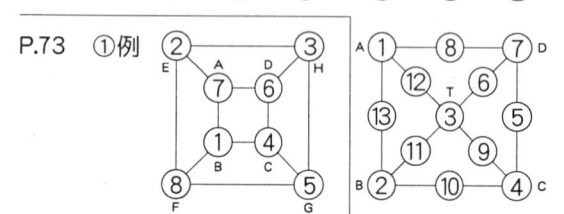

P.73 ①例 (square figure)

②例 (circular figures)

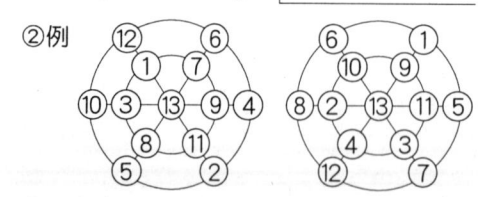

①は(1278、3456)(1368、2457)(1458、2367)(1467、2358) ( )内の数の配置替えが多数あります。

P.74 ①
x	2	3	5	6	…
y	2	1.5	1.25	1.2	…

$\left(y = \dfrac{x}{x-1}\right)$

②
x	0.5	0.9	3.2	8.1	…
y	0.5	0.6	0.8	0.9	…

$\left(x = \dfrac{y^2}{1-y}\right)$

P.75 $(x、y) = $ ①$(25、5)$ ②$(601、599)$
③$(18、3)(24、2)(30、1)$
④$(16、4)(40、2)$

P.76 ①1〜4・2〜5・3〜6・4〜7・5〜8・6〜9
7〜10　右辺(n^2+3n+1)
②7、9、11・13、15、17、19・21、23、25、27、29
(最初の数$=n(n-1)+1$)

P.77 ①$(13^2 10^2 2^2)(12^2 8^2 7^2 4^2)(11^2 9^2 6^2 5^2 3^2 1^2)$
②$(12^3 9^3 8^3 4^3 2^3 1^3)(11^3 10^3 7^3 6^3 5^3 3^3)$

P.80 ①495　②198

P.81 ①2178　②1089

P.82 ①10通り　②31試合　③15試合　④120通り

P.83 ①$(x、y)=(6、5)(13、11)(27、23)…$
②$(x、y)=(6、5)(19、16)(32、27)…$
③$(x、y)=(5、3)$

P.84 ①$(x、y)=(3、2)(17、12)(99、70)…$
②$(x、y)=(2、1)(7、4)(26、15)…$
③$(x、y)=(9、4)(161、72)(51841、23184)…$

P.85 ①$(x、y)=(10、3)(46、45)$
②$(x、y)=(9、4)$
③$(x、y、z)=(2、11、5)(16、16、8)$
$(18、26、10)…$

P.86 ①$(x、y、z)=(2、3、3)$
⑧$(x、y)=(4、8)(9、27)(16、64)…$
⑨$(x、y、z)=(8、4、1)(7、4、4)(6、6、3)$

P.87 ①$(x、y、z、w)=(1、6、8、9)(3、4、5、6)$
$(17、2、40、41)…$
②$(x、y、w、z)=(12、10、9、1)(16、15、9、2)$
$(34、33、15、2)$
③$(a、c、b)=(14、16、15)$

P.88 ① (circular figure)

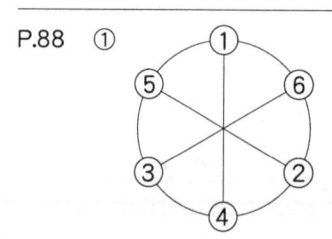

② (two circular figures)

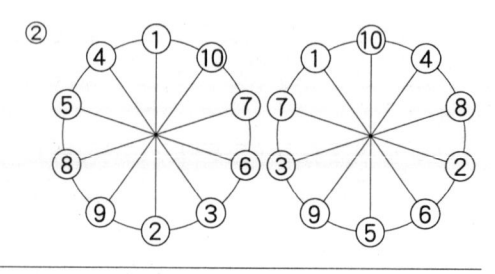

P.89 ①

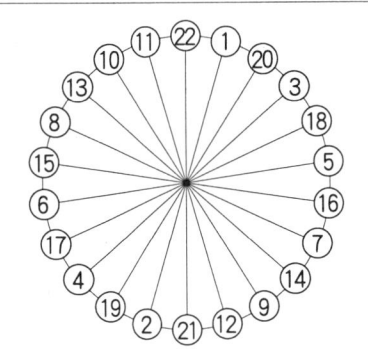

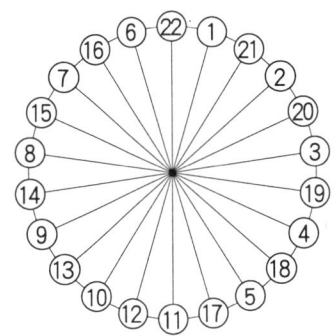

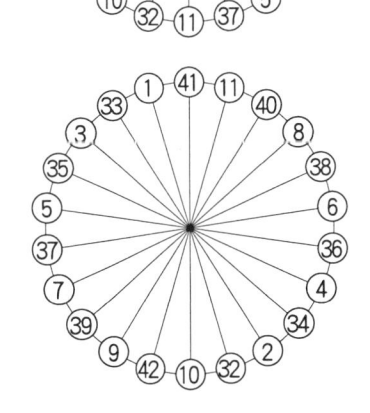

[circle diagram with numbers: 11, 22, 1, 20, 10, 3, 13, 18, 8, 5, 15, 16, 6, 7, 17, 14, 4, 9, 19, 21, 12, 2]

[circle diagram with numbers: 22, 6, 1, 16, 21, 7, 2, 15, 20, 8, 3, 14, 19, 9, 4, 13, 18, 10, 12, 11, 17, 5]

②例

[circle diagram with numbers: 6, 42, 1, 36, 41, 7, 2, 35, 40, 8, 3, 34, 39, 9, 4, 33, 38, 10, 32, 11, 37, 5]

[circle diagram with numbers: 1, 41, 11, 33, 40, 3, 8, 35, 38, 5, 6, 37, 36, 7, 4, 39, 34, 9, 42, 10, 32, 2]

P.90 例 4(2、2) 6(3、3) 8(5、3) 10(7、3) (5、5)
12(7、5) 14(11、3) (7、7) 16(13、3) (11、5)
18(13、5) (11、7) 20(17、3) (13、7)
22(19、3) (17、5)

P.91 24(19、5) (17、7) 26(23、3) (19、7)
28(23、5) (17、11) 30(23、7) (17、13)
32(29、3) (19、13) 34(31、3) (29、5)
36(31、5) (29、7) 38(31、7) (19、19)
40(37、3) (29、11) 42(37、5) (31、11)

P.92 44(41、3) (37、7) 46(43、3) (41、5)
48(43、5) (41、7) 50(47、3) (43、7)
52(47、5) (41、11) 54(47、7) (43、11)
56(53、3) (43、13) 58(53、5) (47、11)
60(53、7) (47、13) 62(59、3) (43、19)

P.93 ①31 $(z=n(n-1)+1)$
②31 $\left(z=\dfrac{n^4-6n^3+23n^2-18n+24}{24}\right)$

P.94 例 2:(a、b、c)=(3、1、2)(9、7、4)
3:(a、b、c)=(4、2、2)(14、13、3)
4:(a、b、c)=(5、3、2)(10、8、3)
5:(a、b、c)=(6、4、2)(7、2、3)

P.95 例 6:(a、b、c)=(5、1、2)(7、5、2)
7:(a、b、c)=(8、6、2)(12、9、3)
8:(a、b、c)=(6、2、2)(9、7、2)
9:(a、b、c)=(10、8、2)(15、12、3)
10:(a、b、c)=(7、3、2)(11、9、2)

P.96 ①4、3 ②10、9 ③19、18 ④31、30
⑤46、45 ⑥64、63 ⑦85、84
⑧109、108
⑨136、135 $m=\dfrac{1}{2}(3n^2-3n+2)$

P.97 ①(a、b、c):(80、320、41)(112、672、57)
(168、273、88)(192、2112、97)
(240、3360、121)(352、7392、177)
(416、10400、209)他
②(a、b、c):(296、47、169)(386、126、217)
(488、241、271)(728、603、397)
(866、862、469)他

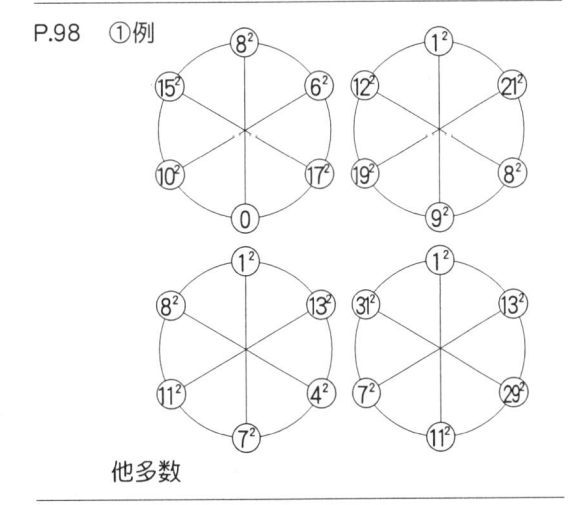

P.98 ①例

[circle diagram: 8^2, 6^2, 15^2, 17^2, 10^2, 0]

[circle diagram: 1^2, 21^2, 12^2, 8^2, 19^2, 9^2]

[circle diagram: 1^2, 13^2, 8^2, 4^2, 11^2, 7^2]

[circle diagram: 1^2, 13^2, 31^2, 29^2, 7^2, 11^2]

他多数

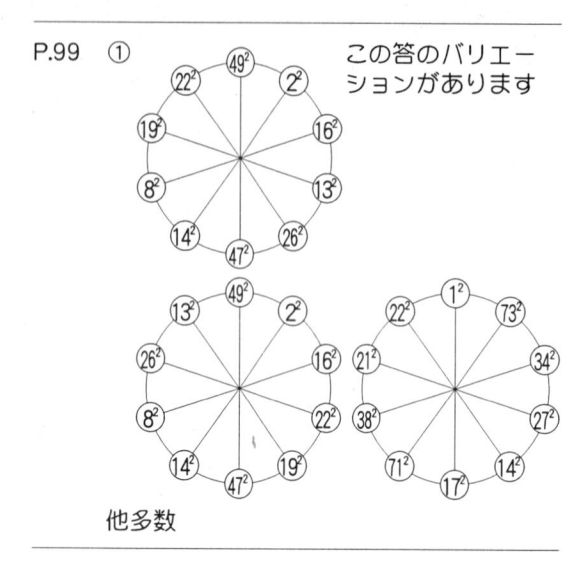

P.99 ① この答のバリエーションがあります

他多数

P.102 解答例　9(3、3、3)　11(3、3、5)　13(3、3、7)
15(3、5、7)　17(3、7、7)　19(3、5、11)
21(3、5、13)　23(3、7、13)　25(3、5、17)
27(3、5、19)

P.103　29(3、7、19)　31(5、7、19)　33(7、7、19)
35(5、7、23)　37(3、11、23)　39(3、5、31)
41(3、7、31)　43(5、7、31)　45(3、5、37)
47(7、17、23)

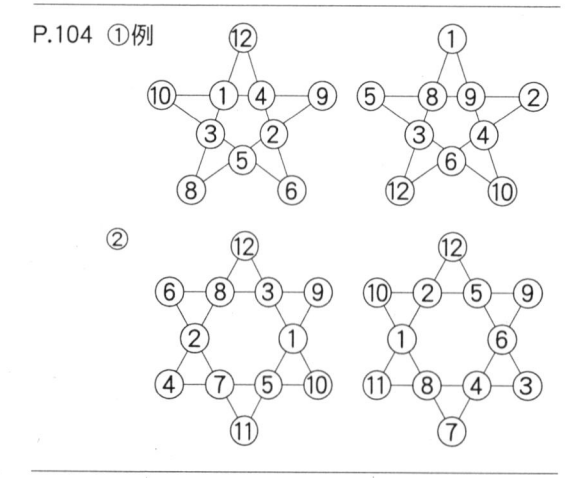

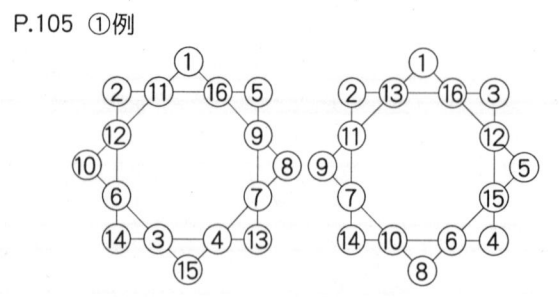

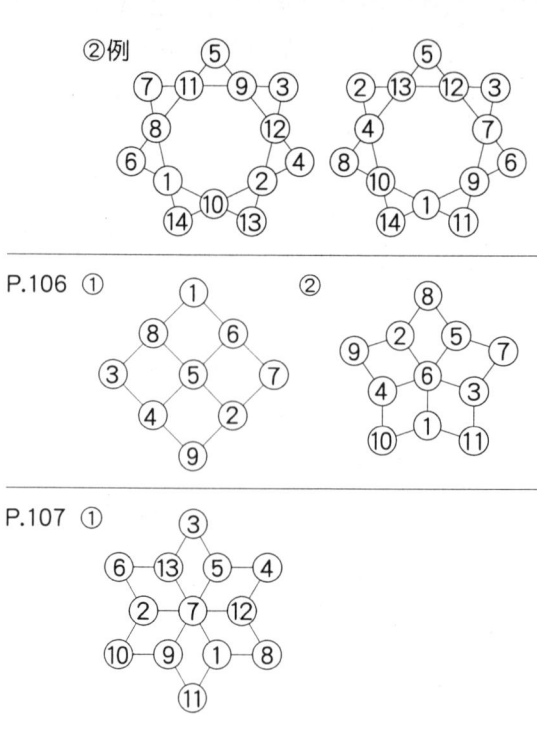

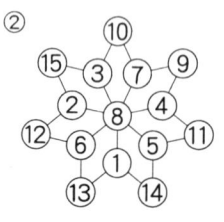

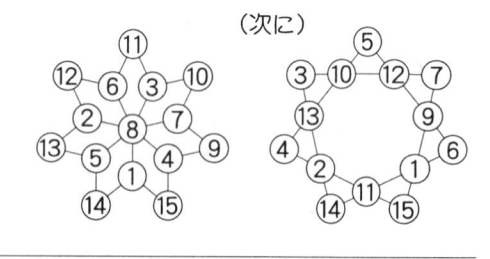

P.104 ①例

②

P.105 ①例

P.106 ①　②

P.107 ①

②

（次に）

P.108　①36個、1225個　②1331個

P.109　①370　②185

P.110　①142857・285714
②102564・128205・153846・179487・
205128・230769

P.111　①421052631578947368
②10144927536231884057 97と
115942028985507246 3768と
1304347826086956521739

P.112　①2068965517241379310344827586
②15254237288135593220338983 05
0847457627118644067796610 16949

122

参考文献

『頭の鍛錬、中学生の数学パズル』旺文社
『いかにして問題を解くか』丸善
『生きた数学』東京図書
『美しい数学』青土社
『組合わせ数学入門』東京図書
『現代数学への小道』岩波書店
『少年数学史』科学書院
『数を数えてみよう』日本評論社
『数のパズルは面白い』白楊社
『数のマジック』ピアソンエデュケーション
『数と人間』講談社
『数は魔術師』白楊社
『数学入門』岩波新書
『数学課外よみもの（1）』東京図書
『数学センス！』丸善
『数学センス？』丸善
『数学オリンピック』東京図書
『数学遊び歩き』白楊社
『数学史（1）（II）』東京図書
『数学パズル事典』東京堂出版
『数学トレエニング』彰国社
『数学にときめく』講談社
『数学玉手箱』東京図書
『数学の問題の発見的解き方1、2』
『数学における発見はいかになされたか
　1巻、2巻』みすず書房
『数学発想ゼミナール』シュプリンガーフェ
　ラーク東京ｋｋ
『数学教育論集第1集』数学教育雑誌会
　（埼玉大学）
『数理パズル、続数理パズル』中公新書
『整数論』河出書房新社
『素数』白水社
『チャレンジ整数の問題』日本評論社
『日本の数学何題解けますか（上）』森北出版
『はじめての数論』ピアソンエデュケーション
『フィボナッチ数再帰数列』東京図書
『ふしぎな数学』みすず書房
『わくわくパズルランド』岩波書店
『公式集』科学新興社
『数を楽しむ1、2』暁出版
『素数入門』（ブルーバックス）講談社
『黄金比とフィボナッチ数』日本評論社
『世界でもっとも美しい10の数学パズル』
　青土社

あとがき

　掛け算九九の表をつくり、枠内の積の10の位の数字をすべて取り去り、1の位の数字だけにします。何か気付きましたか。

　5の列を軸に左右対称の位置にある数の和は10（または0）になります。また25の升目から右斜めを軸にして対称の位置にある数はすべて等しいですね。

　1例ですが、自然数÷7＝割りきるか、小数点以下は［１　４　２　８　５　７］の数字の循環で、そのなかに０９６３は何故か現れません。不思議です。

　魔方陣をはじめとして、数の和や積が等しくなる――そんな不思議な数どうしの関係を〈なぞなぞ〉めいた問題に仕立て上げたのが本書です。答が複数ある問題は純粋なパズルではないかもしれません（4×4の魔方陣は880もの答があるそうです）。本書の問題は筆算で電卓を友として作問しましたが、パソコンを使えば、別の答があるかもしれません。

　まえがきにも書きましたが、〈おもしろい〉がどれだけ味わえたでしょうか。小中学生の課外の問題集として、中高年の脳力再生の活動材料として、また〈家族や友達とやりとりできる〉話題づくりに本書を活用していただけたら幸いと思います。

　本書発行にあたり、再三の訂正や変更を心よく引き受けてくださった郁朋社の正岡玲二郎氏のご協力に感謝申し上げます。

　　　　　　　　　　　　　　　　　　　　　　　　　　　　　　松本　茂良

編　者　松本　茂良
　　　　1933年生まれ、埼玉大学教育学部卒業
　　　　旧大宮市立中学校教諭を経て、退職後
　　　　現在　さいたま市民生児童委員

監修者　折原　貴美子
　　　　1948年生まれ、津田塾大学学芸学部卒業
　　　　現在　さいたま市立中学校教諭

だれでもできる　不思議な数のパズル

2007年10月8日　第1刷発行

編　集 ── 松本 茂良（まつもと しげよし）
監　修 ── 折原 貴美子（おりはら きみこ）
発行者 ── 佐藤　聡
発行所 ── 株式会社 郁朋社（いくほうしゃ）
　　　　〒101-0061　東京都千代田区三崎町 2-20-4
　　　　電　話　03 (3234) 8923（代表）
　　　　ＦＡＸ　03 (3234) 3948
　　　　振　替　00160-5-100328
印刷・製本 ── 株式会社 東京文久堂
装　丁 ── スズキデザイン
本文レイアウト ── 宮田 麻希

落丁、乱丁本はお取り替え致します。

郁朋社ホームページアドレス　http://www.ikuhousha.com
この本に関するご意見・ご感想をメールでお寄せいただく際は、
comment@ikuhousha.com　までお願い致します。

©2007 SHIGEYOSHI MATSUMOTO Printed in Japan
ISBN978-4-87302-382-3 C0041

平方 (n^2) 立方 (n^3) の表

n	n^2	n^3	n	n^2	n^3	n	n^2	n^3	n	n^2
1	1	1	26	676	17576	51	2601	132651	76	5776
2	4	8	27	729	19683	52	2704	140608	77	5929
3	9	27	28	784	21952	53	2809	148877	78	6084
4	16	64	29	841	24389	54	2916	157464	79	6241
5	25	125	30	900	27000	55	3025	166375	80	6400
6	36	216	31	961	29791	56	3136	175616	81	6561
7	49	343	32	1024	32768	57	3249	185193	82	6724
8	64	512	33	1089	35937	58	3364	195112	83	6889
9	81	729	34	1156	39304	59	3481	205379	84	7056
10	100	1000	35	1225	42875	60	3600	216000	85	7225
11	121	1331	36	1296	46656	61	3721	226981	86	7396
12	144	1728	37	1369	50653	62	3844	238328	87	7569
13	169	2197	38	1444	54872	63	3969	250047	88	7744
14	196	2744	39	1521	59319	64	4096	262144	89	7921
15	225	3375	40	1600	64000	65	4225	274625	90	8100
16	256	4096	41	1681	68921	66	4356	287496	91	8281
17	289	4913	42	1764	74088	67	4489	300763	92	8464
18	324	5832	43	1849	79507	68	4624	314432	93	8649
19	361	6859	44	1936	85184	69	4761	328509	94	8836
20	400	8000	45	2025	91125	70	4900	343000	95	9025
21	441	9261	46	2116	97336	71	5041	357911	96	9216
22	484	10648	47	2209	103823	72	5184	373248	97	9409
23	529	12167	48	2304	110592	73	5329	389017	98	9604
24	576	13824	49	2401	117649	74	5476	405224	99	9801
25	625	15625	50	2500	125000	75	5625	421875	100	10000

200までの素数

2、3、5、7、11、13、17、19、23、29、31、37、41、43、47、53、
59、61、67、71、73、79、83、89、97、101、103、107、109、
113、127、131、137、139、149、151、157、163、167、173、
179、181、191、193、197、199

1からn、n^2、n^3までの和

n	n	n^2	n^3
1	1	1	1
2	3	5	9
3	6	14	36
4	10	30	100
5	15	55	225
6	21	91	441
7	28	140	784
8	36	204	1296
9	45	285	2025
10	55	385	3025
11	66	506	4356
12	78	650	6084
13	91	819	8281
14	105	1015	11025
15	120	1240	14400
16	136	1496	18496
17	153	1785	23409
18	171	2109	29241
19	190	2470	36100
20	210	2870	44100